大是文化

豐田人高效率
動線思考

雙手怎麼動、腳步往哪移、筆記如何抄、座位這樣排，
豐田最強動作經濟學，貝佐斯都在學。

前豐田技師，帶著豐田思考，轉戰 IT 業創業成功
PLUS DRIVE 股份有限公司代表董事
原正彥 ◎著　林佑純 ◎譯

トヨタで学んだ動線思考
最短・最速で結果を出す

探討問題的本質（p.169）。

你現在是不是只動手、沒動腦（p.201）？

要多動腦筋，為眼前的工作增添巧思（p.201）。

目的是什麼（p.205）？

為什麼要做這件工作（p.206）？

巧遲不如拙速（p.211）。

停下來思考也是一種動作（p.221）。

先想現在什麼事情能控制（p.226）。

五個為什麼（p.231）。

豐田最強動作經濟學語錄

時間是動作的影子（p.31）。

不會是「因為〇〇，所以我做不到」，而是想辦法「我能做些什麼？」（p.74）。

進了電梯之後，應該先按關門鍵（p.77）。

工作上需要用到的東西，要閉著眼睛也能拿到（p.81）。

把自己逼到絕境（p.120）！

對理所當然的事抱持懷疑（p.123）。

準備好替代方案（p.126）。

不需要找東西，要拿東西（p.141）。

桌上只能放「現在要用的東西」（p.143）。

推薦序一　跨領域知識轉化，從豐田式管理出發／江守智　17
推薦序二　如何從「刪除不必要的動線」思考解決人生與職場的問題？／劉恭甫　21
推薦序三　追求效率的極致，是為了把生命浪費在好的事物上／齊立文　25

前言

我在豐田學會的高效率動線思考　29
豐田員工，對多餘的動線特別敏感　31
改革工作方式時，先檢視動線　32
動線的差異，也影響日常生活　33
打造時間結構緊密的人生　35

CONTENTS

第一章

動作經濟四原則，減少不必要的選擇與移動 39

動作經濟的四項基本原則 41

用計時器來測量工作的所需時間 48

第二章

事情老做不完？因為物品放錯位置了 53

檢視自己的走路速度及步伐 55

抵達座位前，一路打招呼 57

整理職場環境，要趁早上或晚上進行 58

工作前，先決定最後期限 60

一次看完所有的信件和文件 63

影印機的戰略配置 65

改變影印機或碎紙機的位置，就能改善效率 67
座位安排的好壞，影響員工思考 71
站著工作，好處多更多 74
電梯簡報的重要性 75
替移動時間增值 77
午休時間也要考慮到動線 79
利用三定原則來整理環境 81
排除「3M」 85
通勤時，進行企劃思考 92
選擇人潮較少的時段通勤 94
你浪費十三小時等電梯 95
刻意改變動線，省時也省力 97
在眾人面前說話時，你的眼睛看哪裡？ 101

第三章

我用二五％規則設期限，工作永遠提早完成

107
內勤和外務的日子，完全分開 109
提早十分鐘抵達相約地點 111
出差前，先列出攜帶物品清單 113
需要創造力的工作，早上做 116
依照今天星期幾，來決定「After 5」 118
下班時間就是截止期限 119
活用二五％規則設期限 120
開會，非得整點開始嗎？ 123
誰該來開會？亞馬遜的兩塊披薩原則 125
想主導會議？坐靠近白板 127

減少在會議中虛耗時間的小技巧 128
要引導視線，但不能用雷射筆 133
偶爾站著開，效率更好 135

第四章

文具怎麼放？筆記怎麼抄？都有動線

將常用資料放在慣用手那側 139
找資料要遵守十秒原則 140
決定物品擺放位置，就能提升效率 141
辦公桌只能放現在要用的東西 143
抽屜也要落實三定原則 144
選用四色原子筆和A4尺寸的白板 146
筆記本要選方格的 148

橫向使用筆記本 150
活用筆記本與便利貼，激盪腦力 152
活用簡寫，也是一種動線 153
安排單日行程時，也別忘了年度、月分計畫 159

第五章

開機、關機、打字、切換的最省力技巧

利用應用程式，掌握你工作的時間 163
重開機，提升電腦的處理速度 166
加快開機速度的小技巧 168
加強鍵盤靈敏度的方法 175
記住常用的快捷鍵 179
從閱讀電子郵件到回覆 183

好的檔案命名法，省去搜尋時間　187
活用 Google，以最快速度獲得情報　188
設計簡報資料的動線　192

第六章

豐田人的第一堂動線課：四路五動

199
不斷找出需要改進的地方，並改善　201
怎麼做，才能讓動作變習慣　203
動線思考的前提：你的目的是什麼？　205
最佳成果，來自先試試看　209
在豐田，巧遲不如拙速　211
正確搜尋資訊　213
如何整理常用的 App　217

整頓思考動線 221
如何控制無謂的情緒 225
發生問題時，找出根本原因 229
利用五個為什麼，深入探討問題 231

後記

簡化動線的必要投資 235

我不想加班，
也很討厭假日得去公司上班。

明明看了很多有關工作管理、時間管理的書籍，
工作時，也活用PDCA循環、報聯商原則，
為什麼我今天還是要加班？為什麼假日還得去公司？

我的工作模式究竟是哪裡出了錯？

（按：報聯商原則，即報告、聯絡、商量。是日本特有的企業文化，其目的是加強員工的溝通。）

Plan
Do
Check
Action
完美工作管理
報告
商量
聯絡

其實，這都是因為你沒有意識到動線。

工作的動線，
電腦的動線，
排程的動線，
腦海中的動線，
只要整理好這些動線，就能夠大幅改善你的工作效率！

START
schedule
GOAL

推薦序一

跨領域知識轉化，從豐田式管理出發

精實管理顧問／江守智

在內湖某科技大廠的會議室裡，經理語帶不耐的對我說：「我們都討論過你說的事，但我們的工作性質沒有規則，都是個案，我不知道做這些有什麼用處？」經理說話時，邊用手指敲打著桌面，其他的與會同仁紛紛低頭或眼神死盯著螢幕不語。

我笑笑的對經理說：「既然黃總請我來協助你們，給我三個月，我們來看看結果有什麼不同。」

三個月後的輔導會議上，案件處理的單件工時成功縮減二七％，部門加班時數減少一三%。黃總眉開眼笑的同時，經理也宣示他們部門接下來推動改善的決心。

我是一名企業顧問，也曾在日本豐田集團研修，回臺後用精實管理（豐田生產方式）協助企業消除浪費、提升效率、降低庫存。過去五年來，我從傳統製造業領域跨足到高科技、食品餐飲、工具五金、畜牧屠宰等產業，憑藉各客戶企業的經營層支持與管理團隊全力配合，一起繳出許多亮眼的實質營運改善成果。

然而，我還是看到許多非製造業領域的企業朋友，光是看到豐田、改善、精實等關鍵字，腦袋就直接判定「人家做車的，我們不一樣」。

當我看到本書作者原正彥的新書《豐田人高效率動線思考》時，首先引我注目的，是他的工作經歷——從豐田汽車第一線的維修人員轉戰ＩＴ產業內勤，直到成為公司代表董事。從傳產製造到資訊科技，從第一線員工到管理階層，這種角色、思維的切換，正是現今工作職場最欠缺的轉化能力。

接著，我翻閱書中各章節內容，有關豐田生產方式裡常見的三定（定位、定品、定量）、三M（超負荷、不穩定、浪費）等，作者都能夠巧妙的置入辦公室作業中，甚至行程安排、企劃思考、會議準備、辦公桌配置、電腦筆記本應用，都能看到豐田人的精神。這種極具日式管理書籍特色的編排，使人閱讀時，能輕鬆的從單篇文章下手，進而看完整個章節的重點概念，最後串接到整本書的目的意涵。

我會特別推薦以下三類族群可以入手閱讀：

1. 踏入職場三年內的新鮮人：能夠從這本書中，學習到全球頂尖企業的內部管理思維，而且作者還是跨產業的實踐者。

2. 在服務、流通、資訊等產業中，尋求突破個人表現者：當大家都陷在同溫層思維時，跨領域學習也許是你突破瓶頸的關鍵。

3. 傳產製造業的間接單位人員：製造現場談工時、論效率，當公司把目光轉移到間接單位時，我們可以做些什麼？

大家總說：「學習，是投資自己最好的方式。」我非常推薦大家用兩杯精品咖啡的價格與一個下午來閱讀。如果能從一本書中突破思維、找到方法並實際應用，其投資報酬率絕對大於你在股票市場的投資表現。

這本《豐田人高效率動線思考》會是你在後疫情時代，面對變化的好書選擇，我誠摯的推薦給各位。

推薦序二

如何從「刪除不必要的動線」思考解決人生與職場的問題？

創新管理實戰研究中心執行長／劉恭甫

時間對於任何企業都是平等的，但有些企業會隨著時間不斷成長壯大；反之，有的企業卻隨著時間逐漸衰敗。時間對任何人同樣平等，有些人能夠隨著時間不斷成長，也有些人總是原地踏步。兩者之間究竟有什麼不同？

簡單來說，就是動線思考上的差異，任何企業或人，每天選擇的動線，會導致不同的行為結果。如果要改善工作方式與日常生活造成的影響，就必須優先檢視動線。

作者在書中舉了一個例子，讓我拍案叫絕：

「假設你現在站在車子後面，而工具箱放在車子前方，要從左邊還是右邊走，才會比較快？其中『要從左邊還是右邊走才會比較快』這類行走的路線，被我們稱為動線……一天形成一分鐘的差異，十個人工作下來，一天就會差十分鐘，一個月就會有三至四個小時。」

所以在職場工作上，每一位員工當下動線不同所造就的數秒之差，經過日積月累，就會對企業產生極大的影響。

我認為刪除不必要的動線，是《豐田人高效率動線思考》一書中，最重要的核心觀念。而這個觀念也跟我推動的創新理念不謀而合，我在企業教授創新課程時，常告訴同學「企業要創新，先從觀察客戶的痛點開始，因為大部分的客戶痛點，都會害他們浪費時間。要解決客戶痛點，需要思考如何刪除不必要的時間浪費，讓客戶簡單快速的使用我們的產品與服務。」

動線思考到底要從哪裡開始？

本書建議我們從動作開始，在豐田的第一線，有一種說法是「不需要找東西，要拿東西。」會需要找東西，就代表物品沒有放在應該放的地方，假如物品已經放定位，當然就不用特別找了。

作者在書中舉了一個例子讓我感同身受：

「在維修過程中，前輩要是向後輩要求支援：『給我扳手！』如果沒有馬上把扳手遞給他，就會被罵。就像外科醫師在手術中，對助手說『手術刀！』一樣，如果助手的反應是『咦？手術刀放哪了？』然後才去找手術刀，那可就不是被罵這麼簡單了。

「……動線不只會在職場上發揮作用，在我們日常生活中也存在著許多的動線，但是大多數人卻沒有意識到這件事。請各位試試看，能不能在十秒鐘內，找到自己常用的資料或用品。如果沒辦法在十秒鐘以內找到，那就表示你在整理資料跟用品上，動線出現問題。」

你可能會覺得「太誇張了吧，不就只差十秒鐘……」，不過如果每次找東西都差十秒，長期累積，就會變成十分鐘，甚至十個小時。

這本書以淺顯易懂的案例與說明，帶領讀者訓練動線思考，讀完這本書之後，請停下手邊的工作，重新檢視你的動線思考，就從找東西開始，我相信你一定會發現，你可以大幅增加你的可利用時間，更能夠有效幫助你順利解決人生的問題，誠摯推薦給時間永遠不夠用的你！

推薦序三

追求效率的極致，是為了把生命浪費在好的事物上

《經理人月刊》總編輯／齊立文

在閱讀本書的過程中，我的腦海裡時而浮現日劇《派遣女王》的女主角大前春子（筱原涼子飾演）的形象：總是專注的看著電腦螢幕，高速敲打鍵盤，火速交出工作成果，下午五點一到，飛速離開辦公室。

對照之下，正職社員的工作步調相對緩慢，加班在所難免。雖然這是戲劇效果，但本書作者原正彥在離開汽車維修工作、成為辦公室的內勤人員後，也感受到類似的反差。

曾在豐田經銷商負責汽車維修工作的他，對於坐辦公室的人有這樣的觀察：「動作比我習慣的速度緩慢許多。這種感覺就像從高速公路切換到一般市區道路，周遭的一切都慢了下來。」

戒除工作上的「帕金森症」

英國歷史學者帕金森（C. Northcote Parkinson）在一九五〇年代出版的《帕金森定律》（*Parkinson's Law*）書中寫道：「你可以用來完成工作的時間有多少，你的工作就會膨脹到讓你足以填滿那段時間為止（Work expands to fill the time available for its completion.）。」他生動舉例，同樣是寫一張明信片，清閒的老太太可能得花一天，忙碌的高管大概三分鐘就完成了。

上班族對於這點應該很有感，工作截止之前二十天和兩小時，心理的緊張感和節奏感截然不同。若有時間，就能慢慢來、細細想；死線逼近時，只有兩個結果：幸運的話瞬間文思泉湧，否則只能急就章、交差了事。

在過猶不及間，是否有機制或方法，能讓我們自動上緊發條，不致於產生無意義的時間浪費？借用作者的話，就是打造「時間結構緊密」的人生。

隨時思考工作上是否有多餘動作

一如書名所示，作者把他在汽車維修中心第一線學到的動線思考，套用在工作與生活現場，基於四個動作經濟原則（見四十一頁），消除每一個可能產生無理浪費的環節。其實這些原則背後沒什麼大道理，甚至我們已經會了。就好像每逢節假日，道路、景點人潮擁擠，有些人會想辦法避開尖峰時段，也會設法找到抵達終點的最快路徑。

舉一個我從書中覺得讀起來有趣、也頗發人深省的例子來說：影印機該擺在哪裡？首先，機器一定要擺在經常使用的人附近，避免在辦公室裡來回跋涉；其次，一定要學會使用方法，不用每次都要請人幫忙；第三，相關用品或備品（釘書機或A4紙）要放旁邊，省下去找去拿的時間。

作者說：「我在豐田第一線工作時，經常看到高層的人特地前來，一動也不動的觀察現場……後來才發現他們是為了確認每一位員工的動線。例如，觀察、思考現場的員工是否有多餘的動作，若有，該如何改善等。」

在汽車維修中心如此，在辦公室，乃至於自己的工作，從中午什麼時候吃飯、開會怎麼開、企劃案怎麼寫、行程如何安排、辦公桌抽屜怎麼整理，我們都可以發揮同樣的觀察力，仔細審視自己的一舉一動，是否有產生浪費。

讀完本書時，我心裡一直有兩種聲音在打架：一個是作者講得真對，用動線管理的視角，幾乎涵蓋我之前看過的許多工作效率和時間管理技巧，也讓我重新審視我在工作與生活場景中的每一個流程和步驟，哪些時候我已經運用動作經濟的原則；哪些部分我還可以精簡、改善、整併。另一個聲音是，按照作者建議的方式工作真累，好像一有閒置、空檔都是罪惡，都要拿來思考怎麼樣可以消除浪費。

不過，我很快又得出了第三種聲音：當這種反覆問為什麼、還有哪裡可以改善的累人思維和方法，變成一種習慣之後，說不定也就不會累了。而且，我私心以為，**剷除冗餘，打造時間結構緊密的人生，不是為了擠進更多工作，而是停止把時間放費在無用功上，轉而把生命浪費在更有意義、更美好的事情。**

前言
我在豐田學會的高效率動線思考

我過去曾在豐田經銷商負責汽車維修的工作。有車的人應該都知道，經銷商不只負責銷售汽車，也提供保養、維修車輛等服務。我在該處擔任維修技師時，經手約五千輛汽車。

在熟悉第一線的維修工程之後，我轉戰IT業界，成為內勤人員。由於業界性質完全不同，所以當時我的心情可謂如履薄冰，努力面對不同的挑戰。

過了一陣子，我發現辦公室現場跟我原先想像的，有很大的差異。主要的原因，是在辦公室人員的「速度」上。

除了走路、手邊的動作等，我發現，辦公室裡的人們的動作，比我習慣的速度緩慢許多。這種感覺就像從高速公路切換到一般市區道路，周遭的一切都慢了下來。

我因為轉職的緣故，強烈感受到職場上存在速度差異。直到這時候，我才察覺，原本我所待的豐田第一線，因員工的動作特別快，連帶提升了整體的工作效率。

說到汽車維修技師的吃飯傢伙，自然就是各式各樣的維修工具了。技師會在簡寫「Caddy」的工具箱中，放一些慣用的工具，在現場作業時，不時走到工具箱那邊拿放物品。但在這個過程中，菜鳥經常被前輩們唸：「你怎麼走那邊啊！」

為什麼他們會有這種反應呢？

假設我現在站在車子後面，而工具箱放在車子前方，「要從左邊還是右邊走，才會比較快？」這類行走的路線，被我們稱為動線，**對有經驗的前輩們而言，安排動線是非常重要的**。在豐田的維修現場，這句「你怎麼走那邊啊！」也代表員工對動線，有強烈的意識。

動線不同，所造就的數秒之差，在一天裡會形成一分鐘的差異，十個人工作下來，一天就會差十分鐘，一個月就差了三至四個小時。就算當下只差數秒，日積月累，員工在職場上花費的時間，會產生相當大的影響。

豐田員工，對多餘的動線特別敏感

在技師工作時，客戶大多會在休息室等候。只要想到自己正占用客戶寶貴的時間，技師總會想盡快完成工作，把車輛交還給客戶。

還有一個重點，是即使想加快保養維修的速度，由於車子與客戶的生命安全息息相關，所以服務品質絕不容許有半點馬虎。技師必須在維持品質的前提下，加快工作速度，這就是豐田汽車維修技師的分內工作。

在豐田第一線的人員，工作速度之所以會特別快，或許很大的原因，是出自於「客戶還在休息室等」的壓力。

更何況，**在豐田裡有一句名言：「時間是動作的影子。」**這句話的意思是，若有意識生活中每一個小動作，那麼，對於時間也有強烈認知。

時間之於任何人、任何企業，都是平等的。雖然我們看到有些企業隨著時間漸漸壯大，但也見過部分企業逐漸衰敗；有些人能夠成長，也有些人總是原地踏步。

兩者之間究竟有什麼不同呢？

簡單來說就是動作有所差異，人們每天選擇的動線，會導致不同的結果。

豐田第一線的員工對於多餘的動線，尤其敏感，只要稍微有多餘的動作，就立刻檢討、改善。因為多餘的動作，會拖延到整體的工作時間，反過來說，俐落的動作，能使花在工作上的時間大幅縮短。

改革工作方式時，先檢視動線

剛才提到的動作，其實不僅限於走路或做事速度，也包括思考自己要走哪條路線（選擇動線）。

但在我轉職後，我發現在辦公室裡，似乎很少人有這類想法。平時看著同事，盡是閒晃、找東西、在走廊上漫步、在會議中嘮嘮叨叨……。

加班被現今日本視為普遍的社會問題，在提倡改革工作方式的風氣之下，上班族的加班時數或許已經減少許多，但工作量仍然沒改變。

這或許也是因為不少人選擇多餘的動線所致。

動線，不僅僅是職場上行走的實際路線，也包括安排工作行程、使用電腦的方法，以及思考模式等較為抽象的路線。

首先，我希望各位讀者留意自己的（不論實際或抽象）動線，並藉由重新審視，以減少不必要的浪費，如此一來，才能有效降低工作量，提升勞動生產效率。

動線的差異，也影響日常生活

動線不只會在職場上發揮作用，在我們日常生活中，也存在著許多的動線。可是，大多數人都沒有意識到這件事。

例如，在車站閘門前，總有人突然停下來找悠遊卡。因為他忽然在閘門前停下，後面的人就得紛紛閃避，使用另一個閘門進出，現場可能因此擠了一群人，讓後面等待的人倍感壓力。只因為一個人沒有留意動線，就給許多人添麻煩。

搭捷運、火車必須通過閘門，這可以說是生活常識了。如果有人到了閘門前才開始找悠遊卡，就表示他沒在思考，於是產生多餘的動作。

說到捷運，各位有注意過，要搭哪節車廂，才離目的地的出口最近嗎？一般來說，車站內提供的轉乘資訊圖，可以作為參考。此外，也可以透過App來進一步確認（按：如利用台北捷運Go，可以看到每一個出口地圖、站內廁所位置、出口是否有電扶梯等。幫助民眾準確找到出去的最佳路線等），有的地方甚至連哪節車廂在哪一個時段最少人，都可以透過車站內的海報或是App得知（按：現在在部分捷運站中，候車處上方的電子看版有顯示車廂人數多寡，提供民眾參考）。

但有不少人仍在到站後，才東張西望的尋找出口；別的車廂明明有很多空位，卻還是擠進人特別多的車廂。

許多人在通勤時都不會想太多，結果在搭乘大眾交通運輸工具時，消耗了不必要的時間和體力。

你得隨時留意自己的動線——所有的動作，若平常不注意自己的動作，又有誰能幫你注意呢？

打造時間結構緊密的人生

簡單來說，我在本書中想表達的是，在日復一日的工作中，我們必須逐漸刪除不必要的動線。

此外，也要時常思考已經調整過的動線，是否能有進一步精簡的空間。如此一來，不必為加班所苦，也能夠大幅減輕身體的負擔。

人生由時間所構成的，因此意識動線，就等於意識到自己人生。我希望讀者能藉由本書，檢視、規畫日常的動線，迎向時間結構緊密、順遂的人生。

在豐田第一線以「改善」聞名的管理模式下，員工們必須隨時意識動線，因此養成習慣，時常思考「應該有更好的方法」。

本書將依序介紹動線，這個詞對現代人來說極為重要的關鍵字。

第一章，思考動線的基礎，解說規畫動線時，必須留意的重點項目。

第二章，彙整了從踏出家門後到職場的路線，以及職場上的動向等，告訴讀者應採取什麼樣的動線，以及其背後的原因。

第三章，主要說明有關安排與客戶會面、排定工作行程及會議等更細部的動線。

第四章，進一步解說前幾章的細節，解說在辦公桌、筆記和行程表中，應如何安排動線。

第五章是使用電腦的動線，包括有效率的電腦使用法，以及搜尋情報的訣竅等，本章將詳述具體的動線。

最後一章，說明腦海中描繪的動線，為了使工作進行得更順利，我會介紹該如何彙整思考的動線。

在閱讀時，務必充分了解基礎（第一章），之後想直接翻到自己感興趣的章節閱讀也沒問題。如果在讀完內容之後，會覺得「我想馬上試試這邊提到的方法！」那麼，我會感到非常榮幸。

本書主要介紹的，是適用於所有業界的動線本質，為了增進工作效率，就讓我們繼續閱讀下去吧。

第一章

動作經濟四原則，減少不必要的選擇與移動

本書主旨在於介紹動線，因此，先談動線的基本思考模式。

動線的基礎在於「動作經濟原則」，這項理論被廣泛用於營運工廠的企業，大多用於改善工廠人員的動作。

這是由提高作業效率的先驅——法蘭克．吉爾博斯（Frank Gilbreth, 1868-1924）所提倡，為了打造合理、不浪費、零差距的職場環境，自多種觀點提出了理想動作的架構，包含的原則超過三十種。

動作經濟的四項基本原則

在企業實際引進理論後，這些理論被精簡成四大基本動作，也就是「動作經濟四項基本原則」（見下頁圖）。

由於牽涉到的內容相當廣泛，這裡僅解說一部分的內容。

動作經濟的四項基本原則

原則 1

工作時，雙手要處理同一件事

避免讓雙手同時進行不一樣的動作。

原則 2

盡量減少需要的基本動作

極力減少「選擇」、「尋找」、「搬運」、「啟動」等動作。

原則 3

把每個動作的距離縮到最短

將必要的動作，簡化到最短距離。

原則 4

讓動作更省力

不只找出最短距離，也要考慮如何降低動作本身的「難度」。

原則1　工作時，雙手要處理同一件事

舉例來說，坐在電腦前打字時，如果只能用一隻手，除了很難打字，也得花上比平常更多的時間，才能完成。

以人體本身的構造來說，右手和左手要同時進行不一樣的動作，本來就不是件容易的事，**雙手的動作最好同時開始，也同時結束**。

這聽起來似乎是理所當然，但在工作中，人卻容易讓兩隻手進行不同動作，因此花更多時間成本完成工作。

我在擔任維修技師時，有過不少類似的經驗。

舉個例子，我替車輛安裝輪胎時，會用到一個叫做氣動扳手的工具，來拴緊螺帽。

有些比較熟練的人會單手拿著氣動扳手，另一隻手去拿接下來要用的螺帽，但在作業現場中，這個動作非常危險，最糟糕的後果，可能會因為拿不穩扳手而傷到螺帽，嚴重影響輪胎的安裝過程。所以一定要用雙手拿穩氣動扳手，才能安全的完成工作。

左右手分別進行不同的動作，乍看之下，似乎很有效率，但實際上很可能增加失誤的機率，最終適得其反。

因此在工作時，要盡量讓雙手處理同一件事。

原則2　盡量減少需要的基本動作

一份工作包含各式各樣的動作，例如：選擇、尋找、搬運、啟動等。而這項原則的重點，是思考每一個動作的意義以及必要性，並且盡可能減少需要的動作。

就像史蒂芬．賈伯斯想盡量減少手機上按鍵數量，他透過減少「選擇」，才得以讓容易操作的智慧型手機先驅 iPhone 問世。

不僅在豐田第一線，在製造業的第一線管理辦法中，時常聽見5S——整理（Sort）、整頓（Set In Order）、打掃（Shine）、清潔（Standardize）、素養（Sustain）。其定義如下：

- 整理：區分必要跟不需要的物品，捨棄不必要的物品。
- 整頓：為了讓必要的物品更方便使用，依序排列整齊。
- 打掃：將工作環境打掃整潔，並清點現有物品。
- 清潔：保持乾淨的狀態進行工作。
- 素養：養成整理、整頓與打掃、維持清潔的習慣。

在5S當中，在豐田前線最看重的就是前兩個S——**整理和整頓**。

這會導致什麼樣的結果呢？

簡單來說，就是**大幅降低員工找東西的頻率**。

在沒有整理、整頓過的環境中工作，員工會更容易花時間找東西，於是，增加工作時的動作。為了盡量減少基本動作，就要打造出不用花時間找東西的工作環境，也就是必須經過整理和整頓。

減少基本動作的具體方法之一，就是「結合兩種以上的動作」，一件事跟另一件事一起做。關於這方面的實際案例，我會在第二章詳述。

原則3　把每個動作的距離縮到最短

把基本動作的次數降到最低，就只剩下必要的動作。

接下來，我們要把必要的動作，簡化到最短的距離。舉例來說，若想拿東西，要盡量讓物品放在伸手就能拿到的距離；若是需要移動到其他地方，就盡量減少步數。

在本書的開頭，我曾提到在豐田第一線工作時，菜鳥會被前輩唸：「你怎麼走那邊！」其實，這句話正是動作經濟原則3的最佳實例。

改變不僅出自於個人意志，環境也能造就習慣。

舉例來說，假如工作場所越大，工作時需要移動的步數也就越多，因此以管理角度來說，企業應該考慮是否能在不影響作業的前提下，縮小工作環境。

此外，妥善安排放置材料或工具等物品位置，也十分重要。關於這一點，同樣會在第二章說明。

原則4　讓動作更省力

縮短動作的距離之後，要考慮如何降低動作本身的難度。

假如，因不良的姿勢或動作，為身體帶來負擔，就應該考慮如何減輕這些負荷。因為即使是輕微的負擔，時間一長，就會累積疲勞，嚴重時，甚至發展成慢性腰痛或肩頸痠痛等症狀。

到時痛起來，可不是說一句「沒辦法，都是職業病惹的禍」就沒事了，所以即使是輕微的負擔，平常就要改善。

例如，思考該如何活用物體的慣性或重力，讓整體動作更不費力。

以上四個項目，就是動作經濟的原則。在思考工作的動線時，別忘了以上述原則作為規畫基礎。而本書也以這四項基本原則當開頭，探討動線的真義。

用計時器來測量工作的所需時間

本書的主旨，就如同我在前言中，提到的：「在日復一日的工作中，我們必須逐漸刪除不必要的動線。」

為此，我建議各位可以嘗試一個方法。

首先，請準備一個計時器。除了可以利用手機 App 之外，也能直接用手錶來計時。

請拿著計時器閉上眼睛，在心中默數一分鐘。

等到你覺得過了一分鐘，再睜開眼睛。

大部分的人都會發現，自己認知的時間跟實際的時間差了數秒，很少人會在剛好一分鐘時睜開眼睛。

既然連一分鐘都會錯估了，更何況是三十分鐘，甚至是兩個小時。人們感受到的時間和真實時間相比，往往會出現相當大的落差。

所以，接下來我希望各位做的，是利用計時器，測量自己平常工作花費多少時間。

了解哪些工作耗時多久，有助於更精準的掌握時間，這是幫助你簡化動線的首要功課。

我舉個例子，首先，請看下頁圖。

由於是簡單的樣本，只記錄了大略的時間。如果可以的話，自己記錄時，請再寫得詳細一點。

在這個階段，或許有些人已經開始察覺到：「原來這件事需要處理這麼久……。」、「這件事跟那件事應該一起做才對……。」

就算你沒什麼特別的想法，也沒關係。

請在閱讀完第二章之後，再回頭看一下自己的紀錄。

到時候一定會有收穫的。所以現在請順手拿張紙，記錄下你一整天的工作流程，以及每個項目所花的時間。

接下來，我會開始解說，在不同狀況下，何謂多餘的動線，以及簡化動作實際做法。

某通訊機械器材業務的一天

時間	事件	耗時
8:45	上班（抵達公司大樓）。	
8:50	走到自己的辦公桌，從公事包拿出東西，或是整理桌面。	5 分鐘
8:50	幫電腦開機之後，走到自動販賣機買罐裝咖啡。	5 分鐘
9:00	收發 e-mail。	30 分鐘
9:30	透過新聞網站與社群網站，來搜集新情報。	30 分鐘
10:00	出席業務部會議。	120 分鐘
12:00	午餐時間。	60 分鐘
13:00	與專案小組開會。	60 分鐘
14:00	出外訪問客戶。	60 分鐘
15:00	與客戶開會。	60 分鐘
16:00	回到公司，編寫提案企劃書。	60 分鐘
17:00	準備加班，去便利商店買些吃的。	30 分鐘
17:30	填寫請款單等雜務。	30 分鐘
18:00	與專案小組開企劃會議。	60 分鐘
19:00	編寫業務報告。	30 分鐘
19:30	編寫給客戶的提案企劃書。	30 分鐘
20:00	結束一天的工作，離開公司。	

豐田最強動作經濟學語錄

- 工作時，雙手要處理同一件事。
- 減少需要的基本動作。

第二章

事情老做不完？因為物品放錯位置了

在講解動線之前，請大家留意一件事。

有些上班族通勤時，先從自家走到車站搭車，再從車站走到公司。若讀者中有人像這樣通勤上班的話，我想請各位「多留意自己的走路速度及步伐」。

我在前言提過，在豐田第一線，員工在工廠內部移動時，會留意走路的速度及步伐——也就是思考選擇動線前，優先考慮提升整體的速度。

若動線正確，但移動太慢也沒有意義。

檢視自己的走路速度及步伐

我有時在位於郊區的辦公大樓附近，看見一些駝背、走路慢吞吞的上班族。不知道他們是真的累了、提不起勁，還是天生走路姿勢就如此，要我來說，這種樣子稱不上良好的走路姿勢。

請挺直背脊，加大步伐，打起精神向前走吧。加快走路的步伐，除了提升整體速度，也有益健康。

快走能明顯增加當日的運動量，消耗多餘的卡路里，還能鍛鍊腳力和腰力。在日本醫學博士奧井識仁的著作《改變人生的十五分鐘健走法》中有提到，快走有助於預防癌症、骨質疏鬆，改善身體痠痛、失眠，以及活化細胞荷爾蒙的效果。

依數據統計，快走的理想步伐寬度，是行走者的身高乘以〇．四五。也就是說，對身高一五〇公分的人來說，理想的一步大約是六十七公分；身高一五五公分的人，步伐是七十公分；身高一六〇公分，步伐七十二公分；身高一七〇公分，步伐則是七十六公分。

這個數據其實比我們平常的腳步大一點而已，只要多抓十至十五公分，並且加快行走的速度就可以了。

快走不僅對身體健康有益，也能活化腦部、刺激思考，使思緒更加明晰，進而提升知識產能。像丸之內（按：東京裡的一個區域，為商業重鎮）周邊，或是紐約金融重鎮華爾街，這些聚集商界精英的地方，人們走路速度偏快。

抵達座位前，一路打招呼

早上到了公司，首要的動線是「往有人坐的地方移動」。

不論是前輩、後輩，或是已經開始工作的打掃阿姨，先主動跟已經到公司的人打招呼，直到走到自己的座位上。

打招呼是一切行動的基礎。連這個動作做不好的人，不管做任何事都很難成功。此外，沒人會討厭主動跟自己打招呼的人，所以，不妨藉由這個機會，為自己和同事打造一個輕鬆、愉快的早晨吧。

豐田第一線的一天，也是從充滿朝氣的問候開始的。打招呼意味著敞開心胸，所以**「主動往有人在的地方移動」，是一早抵達公司之後的理想動線**。

此外，假如看到地上有垃圾，撿起、丟掉，也是正確的動線選項。很多人會認為這只是小事，不過這個舉動背後，代表了相當重要的涵義。

如果習慣帶著「總有人會去撿」的他責意識（按：把原因歸咎於自己以外的事物），無論做什麼事都不會成功。在商務世界裡，擁有當事者意識是十分重要的，要是習慣性的認為「反正有人會撿起來」，就很難養成當事者意識。

若沒人撿，垃圾一直放在那邊，這時帶有他責意識的人會想：「是沒去撿的人有問題」，久而久之，造就推卸責任的惡習。

所以，為了避免產生這樣的想法，只要看到地上有垃圾，就該二話不說，直接撿起，養成只要眼角瞥到垃圾，就立刻採取行動的習慣。

我想，很多人都知道這個道理，卻不會真的付諸實行。

看到地上有垃圾，就馬上行動吧。這樣除了能幫助自己培養當事者意識，也是為自己負責任的做法。

整理職場環境，要趁早上或晚上進行

如果想整理工作環境，盡量選在早上或晚上進行。

選在晚上整理，能讓隔天早上的工作進行得更順利；若選早上，也就是在開始工作前，稍微整理一下桌面，能使一天有個新的開始。打掃辦公室也是同樣道理，不過如果辦公室已經累積過多雜物和髒汙，要展開大規模掃除，除了累人，也讓人提不起勁。

豐田在第一線維修廠，明文規定早晚整理、打掃的時間。這個動作的重點在於「例行化」，也就是把整理當成例行公事，並確實實踐。

就像前職棒選手鈴木一朗在還沒退休時，只要在站上打擊區，都有一串準備動作——右手拿著球棒向上畫一個圓，然後拱起球棒，指向中外野，最後在輕拉一下手臂的袖子，他透過這個動作，讓自己進入備戰狀態。

透過一些動作，讓自己瞬間進入某種狀態。

前文提到的例行化也是相同的道理，簡單來說，就是創造屬於自己的例行動作，如早上時打掃辦公桌、喝咖啡或者是做伸展操等，透過每日實行，讓身體自然的切換到工作模式。

此外，工作也能搭配例行動作，只要這麼做，若之後需要處理大型或困難的工作，也能順利的逐步解決。

舉例來說，假設現在你必須想一百個新點子，只要結合早上的例行動作，每天「想一個新的點子」，將複雜的工作分段處理。如此一來，你會在不知不覺間，達到「一百個新點子」的目標了（見下頁圖）。

因此，請務必持續實行早晨的例行動作。

附帶一提，我的例行動作是在按下電腦的開機鍵之後擦桌子，再喝一口罐裝咖啡。這些舉動能協助我迅速開啟工作模式。

工作前，先決定最後期限

在辦公室工作的上班族，通常會使用電腦。

你在開機之後，會先做什麼？我想，大多數人會先打開信箱，點開客戶或廠商寄來的電子郵件；打開社群網站，看看有什麼新訊息……行動上較漫無目的。

這裡的重點在於，要先決定到辦公室後，應該採取什麼動作。

一開始，如果先打開信箱，你可能發現有案件必須馬上處理；打開社群網

早上先做完例行動作，再開始處理工作

咖啡

伸展操

整理周遭環境

每早做例行動作　使人迅速進入工作模式

PLUS

分批進行大型的工作

例如，將「想 100 個新點子」這份工作例行化，分成「每天早上想一個新點子」

站，要是看到有人留言，或許會想盡快回覆對方。

像上述這樣，要是你沒有先決定好要做什麼，就沒辦法採取例行動作。這麼一來，你的行動會十分混亂，白白浪費寶貴的時間。

雖然跟一到公司就先開電腦的上班族略有不同，過去，在我擔任豐田第一線維修技師時，每天開始工作之前，所有人都要到被稱作「工程作業板」的白板前集合。

現場管理者會在白板上，明確寫出「今天『誰』要『做什麼』」，以及「幾點開始」等相關資訊，所有人都得到白板前，確認一整天的工作行程。

這個動線不僅限於維修技師，我想一般上班族也適用。總之，先將當天的待辦事項寫在記事本上，以便之後確認。

接下來，整理出當天必須處理的工作項目，並且設定完成該項工作的目標時間，也就是說，先決定好每一項工作的最後期限。

例如，當你發現有十個工作項目要處理時，該做的，不是看到什麼就做什麼，而是從緊迫性較高或截止期限較近的工作開始處理。

如果有些工作的完成期限差不多，或是都沒有那麼急著處理，則視工作的性質來安排順序了。

工作的性質可以大致分為創意及非創意，依據這一點，可進一步區分為適合早上、下午或晚上來處理的工作。

例如，早上因為精神比較好，可以優先處理需要創意的工作項目；中午過後可以利用外出用餐的時間，順道處理外務；晚上時，因為已經疲於思考了，最好以較簡單的雜務或是例行公事為主。

像這樣區分各種不同工作項目的性質，來分配一整天的工作時間。

如果是因為「昨天忘記做」，而一大早忙著填寫請款單等，這樣的動線就非常浪費時間。請務必依照工作項目的急迫性、期限及性質來進行規畫。

一次看完所有的信件和文件

有些公司，會在早上集中信件，並送到員工的座位。

當你收到信件時，不要把它們塞在辦公桌角落，想「有時間再看」。而是將信件全部拿出來，一次看完。否則，你很有可能因為忘記看信，而遺漏掉了重要的訊息。

看過的信件或文件，別留在辦公桌上，最好立刻整理乾淨，以免把看過的訊息跟其他資料混在一起。

很多人的辦公桌上可說是一片狼藉，但作業空間不足，會降低工作效率，還可能會不小心拿起已經看過的文件，等你看了文件內容之後，才發現自己拿錯資料，結果，你又多花時間尋找文件。因此，我認為看過的資料，還是順手整理起來比較好。

辦公桌是工作的空間，以電腦來比喻的話就是記憶體。這個空間要是不足，就會像記憶體空間不足的電腦一樣，所有動作都變得緩慢。

電腦只要增設記憶體，動作就會變得流暢許多，但我想大多數人都是沒辦法隨便加大辦公桌，所以請務必整理好自己桌面上的空間。

影印機的戰略配置

在辦公室中，所有人都會經常走到的地方，可能就是影印機前。現在讓我們來討論影印機的擺設以及相關動線。

我在轉職到ＩＴ業界之後，最先注意到的一件事，是不少人會來回走到影印機前好幾次。再加上影印機的位置離員工的座位很遠，所以在辦公室內，總能看到人們走來走去。

見同事總是來來去去的，我終於忍不住開口詢問：「怎麼了？」我這時才知道他們為什麼往返這麼多次。

我依序列舉出幾個具代表性的原因：

●「我忘了帶訂書機。」

如果要用釘書機來整理影印出來的印刷品，一開始就應該拿過去，或是事先放在附近。這或許是因為缺乏「順便」的想法所致。

● **「紙用完了，我去拿備用影印紙。」**

之所以會出現這個問題，是因為備用影印紙沒放在影印機附近。影印紙幾乎只有使用影印機時才會用到，可是這個東西卻沒放在影印機附近，這讓我覺得非常奇怪。

如果只是因為其他地方有空位，才把影印紙放在別處，或是備用的消耗品都固定放在公司某個地方，就表示在規畫置物時，完全沒有考慮到動線。為了避免浪費往來行走的時間，應該慎重考慮動線和相關物品的放置地點。

● **「我不太知道怎麼印，所以想跟總務確認。」**

這個理由實在令人難以置信。

有不少人工作會用到影印機，卻不知該如何操作。如果是遇到無法預期的機械故障就算了，如果只是切換彩色、黑白印刷，或是雙面影印等問題，只要看說明書，就能找到答案。找人協助解決，不只浪費自己的時間，還占用別人的時間，應該盡量避免。

影印方式應該一開始就要掌握清楚。

此外，公司內部統一使用A4紙來影印、列印，會比較方便管理。除了能統一文件和資料夾的尺寸，訂購影印紙時也比較不容易弄錯。

雖然有些細節不是一個人能夠決定的，我還是特別推薦這樣的做法。

上述提到的部分，都是第二項動作經濟基本原則——盡量減少需要的基本動作（見第一章）。請試著思考，為了減少不必要的動作，該如何配置物品的擺放位置。

當然，有時候可能受限放影印機的空間，或是插座位置等有關辦公室結構方面的問題，但不論如何，務必以使用者動線的觀點，來思考改善的方法。

改變影印機或碎紙機的位置，就能改善效率

我認為，負責管理影印機的總務部或管理部門，為了掌握公司內部機械的

使用情況，應該定時進行「定點觀測」。

我在豐田第一線工作時，經常看到高層的人特地前來，一動也不動的觀察現場。最初我對此感到疑惑，後來才發現他們是為了確認每一位員工的動線。例如，觀察、思考現場的員工是否有多餘的動作，若有，該如何改善等。

人們往往難以察覺自己的動作或工作模式出現什麼問題，就算覺得「有點不方便」，也會因為不想增加工作量，而沒採取更多的行動，來改善現況。

不過，我們必須了解，光是影印機的位置分配錯誤，雖然一開始可能只有些許的影響，但在日積月累下來，足以造成巨大且不必要的浪費，進而影響企業整體狀況。

我常聽總務或管理部門的後勤人員表示「很難預測成效」、「難以評估現狀」。但我認為，要做出判斷，其實並沒有那麼難。

總務和管理部門的決定，會左右員工的動線，對企業整體的效率造成相當程度的影響，因此更不能缺少這方面的意識。

相信有些讀者已經察覺，我在這裡談的，不單只是影印機的問題，也包括工作上常使用到的工具、部門間共用的備品等，各種辦公用品的配置和規畫。

所以，讓我們稍微停下手邊的工作，確認自己的動線。

我再舉個例子：

某家企業放碎紙機的地方，由於離業務部非常近，所以頻繁的裁紙聲總是干擾到業務跟客戶講電話；因碎紙機離法務部較遠，結果簡單的碎紙作業，卻害法務部人員浪費不少時間。加上位置偏角落，所以很難澈底打掃乾淨，於是周遭環境變得越來越髒亂，甚至影響辦公室的整體觀瞻（見下頁圖）。

後來，經業務部員工反應，改變碎紙機的位置之後，一次解決了上述提到的問題。從這個例子可以看出，光是一臺碎紙機的使用動線，同時對數個部門造成影響。

我過去在某個專案中，曾與某家市值超過一兆日圓的企業合作，那家企業委託外部的顧問公司，以業務部為主軸，記錄員工所有的工作動線，以達到業務流程管理的目標。

影印機和碎紙機的位置符合工作動線嗎？
影印機距離員工
的座位太遠
太遠
影印機跟備用影印紙
距離過遠
A4
B4
太遠
裁紙聲干擾人講電話
喀
喀
喀
位置偏角落，很難打掃乾淨
灰塵

其後，管理者會定期確認紀錄，並與員工進一步安排會談，以減少不必要的動作。

以這家企業為例，如果以目前公司的資源無法確認每個人的動線時，**適時活用外部資源**也不失為一個好方法。事實上，工廠等製造業的第一線，也有不少大企業引進分析動線的硬體設備，利用定點攝影觀測的技術得到相關數據，並透過軟體的分析，自動導出最佳的動線。

雖然我還不曾見過一般企業肯投資公司設備到這種程度，不過任何人都該夠抱有這樣的意識，思考與分析工作上的一舉一動。

座位安排的好壞，影響員工思考

經過日積月累，不是只有影印機的位置會造成浪費，就連辦公室桌椅的配置方式也是一大重點。

你待的公司，是怎麼安排員工座位的呢？

近年來，以工作的便利性為考量，有越來越多企業在辦公室引進「自由座位」（按：Free Address，員工可每天自由選擇要坐哪）。

說穿了，職場潛規則——職位越高，坐得離門口越遠，接著依照進公司的年資依序排列位置——只是導致員工思考停滯的陋習。依年資分配座位的規矩，始自日本昭和年代（一九二六年十二月底至一九八九年一月初），與「綁手綁腳」一詞幾乎可以劃上等號，我認為不該繼續被沿用。

坐在一同執行專案的成員附近，或是和有合作默契的部門同事比鄰而坐，對於工作的進展而言，比較有幫助。

反過來說，企業規模如果沒那麼大，有必要特別設置社長辦公室嗎？甚至可以說，現在就連大企業也很少見到社長辦公室了。

如果是以商務及員工的動線為考量，特別設置社長辦公室，實在太缺乏效率，因為員工還要花時間前往辦公室。現在跟社長在同個樓層辦公，甚至是和社長同坐在自由座位的企業越來越多，若有事找社長，會很方便，這正是追求工作效率的必然發展。

座位的安排，是否有考慮到動線？

○
- 坐在一同執行專案的成員附近。
- 與有合作默契的部門同事比鄰而坐。
- 社長也在同一樓層，公司沒有社長辦公室。
- 在幹部會議上使用圓桌。

✕
- 職位越高，要坐得離門口越遠，接下來依照進公司的年資依序排列。
- 特別設置社長辦公室。

順帶一提，在二〇一九年豐田成為全日本市值最高的大企業，此外，幹部會議以在圓桌上進行而聞名。

一般日系企業的幹部會議，通常會使用ㄈ字形桌子。不過，豐田的幹部會議以「眾人視線平等，自由開放的進行討論」為主要宗旨，而選用了圓桌。

座位之間的位置關係，是決定工作能否順利進行的重要指標，所以在關係到企業發展方向的幹部會議上，豐田才會堅持使用圓桌。

看了上述的例子，有些人可能會覺得：「雖然說是這麼說，但想改變辦公桌的樣式，畢竟牽涉到預算，就算我想改，那也不是我能決定的。」

像這種時候，豐田第一線的思考模式，不會是「因為〇〇，所以我做不到」，而是想辦法：「**我能做些什麼？**」從剛才的例子進一步思索「我能夠怎麼做？」、「可不可以從能改變的地方開始做起？」

舉例來說，即使無法改變辦公桌的種類或配置，或許也可以提議開會時改變以往的坐法。

站著工作，好處多更多

偶爾換個心情，試著在自己的位子上站著工作。

現在有不少企業會採用站立式辦公桌（升降桌），由於站著工作有助於提升集中力，所以是一個不錯的選擇。

在豐田第一線，不論哪個維修技師，基本上都是站著工作的。像是跟前輩談論汽車的維修方針，或是完修交車的時程等，甚至連工作上簡單的討論，基本上都是站著。

一般上班族動不動得預約會議室開會。一群人聚在會議室坐下討論。我認為這樣的動線安排，不算理想，而且還會為身體帶來負擔。

盡可能站著工作，或是請公司引進站立式辦公桌，甚至是增設一個可以站著輕鬆討論、開會的場所，都能夠有效縮短會議的時間，提升談話品質。

電梯簡報的重要性

剛剛提到了「簡單的討論」，但其實在工作中被別人搭話，是會嚴重影響效率的。

例如，部屬已經開始集中精神處理工作，但上司突然想閒聊，於是找部屬談話，這樣等於要部屬停下手邊的事，陪上司聊天。整體來說，不只降低工作效率，還影響進度。

所以主動向別人說話時，應該要稍微留意這一點。

即使抓住了向對方搭話的時機，也必須先明確想好，要跟「誰」說「什麼」。如果還沒有想好自己想說什麼，只是拖延、浪費了對方的時間，也造成企業的損失。

因此，平常就要訓練自己做「電梯簡報」（Elevator Pitch）。如果直譯這個詞，意思就是在電梯內強力推銷。

電梯簡報一詞源自於美國矽谷，情境是在電梯裡遇到投資家的創業家，利用抵達目標樓層的短短數十秒，帶著「如果在抵達樓層的短暫時間內，無法讓對方了解重點，我的公司就沒有希望了。」的想法，努力推銷自己公司的專案企劃。這個情境充分顯示出說話簡短、有效，有多麼重要。

在日常生活中，一般人不太可能需要向投資家推銷，不過在短時間內，簡潔有力的表達自己的想法，對商務人士來說，也是十分重要的技能，請務必善加活用。

提到電梯，其實電梯按鍵也有所謂的動線，重點就在於按按鍵的順序。

我在豐田總公司搭電梯時，曾被人指正：「進了電梯後，應該先按關門鍵，再按要去的樓層。」也就是說，這麼做能讓電梯提早幾秒關門。

有些人聽了可能會覺得：「太誇張了吧，不就只差幾秒……。」不過每次搭電梯都差幾秒，長期累積，就會變成一分鐘，甚至一個小時。

豐田的員工們，在工作上時常意識到這類選項背後的涵義。

替移動時間增值

有時工作需要外出拜訪客戶，或是前往政府機關處理公務。這時的最佳動線，是「將目標集中在同一條路線裡」。簡單來說，就是盡可能在同時段，處理位在同一地區或路線上的目標。

移動所耗費的時間是毫無價值的，所以為了盡可能的減少移動時間，事先安排好外出的路線，非常重要。此外，正因為這段時間毫無價值，所以若無論如何都得花時間移動時，就要想辦法為時間增添價值。例如準備搭乘交通工具時，可以做的事等。

在豐田的第一線，維修技師更是必須掌握所有工作項目的處理時間，如：

工作A……五分鐘。

工作B……十五分鐘。

工作C……三十分鐘。

假設在這樣的工作時間分配下，一位技師在處理完某項工作之後，還剩下十五分鐘，這時，他會迅速調整行程，做工作B。

根據這樣的分配方式，如果乘車要花三十分鐘，你可以先準備好，能利用這段瑣碎時間來處理的事，如收郵件等。如果在坐車時，才想：「這段時間真閒，該做些什麼才好？」就算想做其他工作，也因什麼都沒準備，所以沒辦法處理。

為移動時間增值

掌握瑣碎工作的處理時間

5分鐘 ……… 確認待辦清單

10分鐘 ……… 整理名片

15分鐘 ……… 收信件

30分鐘 ……… 資料確認

↓

根據移動時間的長短，判斷要處理哪一項工作

「好像要花 15 分鐘耶，看一下信箱吧！」

或許有人會想：「那來玩手機遊戲好了。」但這個選擇，可能才真正是浪費了時間。

午休時間也要考慮到動線

雖然這段內容提到，休息也要考慮動線，但我的意思並非指休息時也要考慮工作，畢竟人如果一直處於緊繃狀態，身心會出現毛病。所以，我認為需要適時休息。

例如，與客戶會面的行程突然取消，那麼，你可以在回公司之前，利用多出來的時間，散步轉換心情，或是不同工作項目之間有五分鐘空檔，那麼，你可以做簡單的伸展操，稍微活動身體，當然，休息時要做的事也可以預先計畫。

豐田的維修技師們常在工作開始前的幾分鐘做伸展操，或是趁午休時間找空間跟同事打排球，藉此轉換心情。

只不過，在常見的休息活動中，我不推薦抽菸。我過去當維修技師期間，養成了抽菸習慣，就算休息時間只有短短的五分鐘，我也會特地跑去抽菸。

在我以前的職場，由於有不少人有抽菸的習慣，所以公司也備有吸菸室，但現在吸菸的人口已經比過去少很多了。

雖然我不是因為戒菸成功才這樣說，不過，抽菸可說是同時磨耗健康及時間的習慣。

近年來，有設置吸菸室的職場越來越少，所以想抽菸的人得離開辦公室或避開人多的地方，才能抽菸，結果抽菸時間加上來回移動，約耗時十五分鐘。若一天去四次，那麼，總計一個小時毫無產值，從經營者的角度來看，也會希望員工盡量不要抽菸。

打斷工作、大老遠跑去別的地方抽菸，對身體有害無益，還是早點戒掉這個習慣比較好。

利用三定原則來整理環境

我們繼續探討職場可能存在的動線問題。

前文討論有關影印機的動線時，有稍微提到過，常用的辦公室用品也是規畫動線的考量重點之一。

在豐田維修第一線，有許多備用的汽車零件、機油、維修工具以及打掃用具等。這些物品的配置，大致上有幾個特徵，我們普遍將其稱為「三定」。

三定指的是定位、定品、定量，意思是「在明確的場所，放置數量合宜的適當物品」。

在豐田，有句話是：「工作上需要用到的東西，閉著眼睛也能拿到」。換

Before

After

句話說，不能等要用某物品時，才開始想：「我放到哪去了？」

事實上，我沒看過前輩們找工具的樣子。雖然沒有誇張到閉著眼睛就能拿到，但他們沒有找工具，而且動作十分流暢，彷彿一伸手，工具就出現在前輩的手中。

有把愛車送進保養廠檢修的人一定知道，以前光是做簡單的保養維修，就得花上好幾天。不過現在已經有所謂的「一日車檢」，甚至是「四十五分車檢」，有時候只要坐休息室稍微坐一下，等待完成檢查和維修。

因應時代的需求，車檢的時間越來越短，也更加考驗第一線維修人員的動作及效率。假如必須在四十五分鐘之內完成車檢，當然沒有時間還讓你到處找維修工具。

這點更突顯了三定的重要性。

接下來，我繼續說明三定的意思。

定品和定位，也就是安排哪件物品要放在哪裡，重點在於使用頻率以及距離。留意自己常用的東西，讓物品的使用頻率與自己的距離呈正比，將使用頻率高的物品盡量放在離自己近的地方。

我在第一章介紹到的動作經濟原則，也曾提到過，動作越多，就越容易造成經濟上的浪費。

所以放置物品的場所，就必須盡量規畫如下：

- 配置保持動線流暢。
- 不須頻繁尋找。
- 不用大動作，如蹲下、站起等。

定量的意思則是放置合宜數量。即使平常可能隨時需要用到，我想也不會有人把備用的影印紙塞到連架子都裝不下。儲存太多備品，只會浪費空間，但類似的狀況，在職場上可說是層出不窮。

不過，用到數量不足時，要記得補貨，因此先決定用到剩多少，要去訂貨。之後，依規定適時補充即可。

三定原則

定位	＝	**在明確的場所** 使用頻率高的物品，盡量放在離自己近的地方。
定品	＝	**放置適當的物品** 掌握自己常用的物品。
定量	＝	**且數量合宜** 物品數量過多，只是在浪費空間。

我將三定原則的定義整理成上圖，敬請參閱。

排除「3M」

在豐田第一線，為了提升生產力，首先排除「超負荷、浪費、不穩定」。順帶一提，以上三點被稱作「3M活動」（按：因這三個詞的日文發音，開頭皆為M）。

其實，不只豐田，有許多製造業公司，也會排除3M。接下來，我會從動線的觀點，來具體解說，該如何排除工作中的3M。

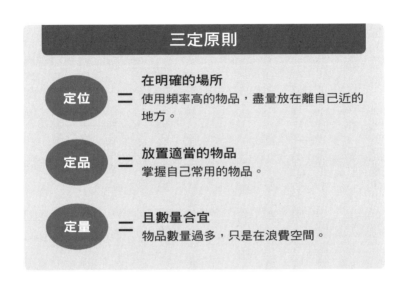

超負荷

只要開始處理工作，多少會對行動產生一定程度的負擔。舉個例子，像是提出企劃書的期限，對自己來說有點壓力；或工作上的安排，讓自己感到負荷過重等。

讓我們先來看看「對於交企劃書的期限感到有壓力」。如果每次編寫企劃書，都要從零開始做起，會覺得有壓力，也是理所當然的事。不論做什麼事情，都得從一張白紙開始思考的話，就算有多少時間都不夠用。

這種情況下，我推薦一源多用。意思是，一種資源（素材），多種用途（多方利用）。例如，在競賽中奪冠的出色企劃，可以視情況不同，進行細部調整，然後運用在其他企劃案上。

當然，這個方法並不是要你直接照套內容，而是參考企劃書的架構。有了可以沿用的架構，會比從零開始編寫要簡單得多，與其從零開始或尋找各式各樣的樣板，這樣更能量產出更符合上級要求的理想企劃。

若工作安排，讓你感到負荷過重時，請盡量讓一個動作，同時產生兩、三種效果，並且將此養成習慣。例如，我曾聽聞的類似案例：

- 新進員工改編了過去參加外部訓練課程時所提出的報告，以應用在撰寫公司內部刊物上。
- 某上司跟部屬拜訪客戶時，選擇搭乘計程車，在車內進行定期面談。
- 某主管為了簡化批准的流程，自費訂製附有印章的筆，這麼一來，即使外出，也方便蓋章。

不只工作，平常在生活中，也能多思考：「這件事跟那件事可不可以一起進行？」以培養高效率的習慣。

舉例來說，在泡澡時刷牙；上廁所時看書；邊家事邊做伸展操……即使是微不足道的小事也可以，尋找生活中，哪些事情可以同時進行。

● 浪費

假設，A跟B最終獲得一樣的成果，但根據做法不同，所耗費的時間也大有不同。在這種狀況下，比較花時間的那方，可能被認為採取了部分不必要的行動。

面對工作，應該隨時問自己，是否採取了不必要的動作，以確保動線流暢無阻。

跟他人一起工作時，也要記得適時向對方報告進度，如此才能了解，彼此的認知是否產生分歧。若在剛開始起步的階段，則要先確認工作的方向有沒有一致。

就像在編寫企劃書時，要先確認目次或概要一樣。因為就算事先討論，等到實際進行後，認知也很容易有落差。

需要特別注意的是，參與人數較多時，會有許多不同的意見，容易造成誤會，導致在某個環節出錯，嚴重的話，很有可能得從頭開始。所以要盡可能提早、隨時確認狀況。

此外，花太多時間製作公司內部溝通用的資料，可能也是一種浪費。特別是用 PowerPoint（簡稱PPT）等程式製作簡報用的資料。在做這類資料之前，其實應先冷靜想想，真的有使用PPT的必要嗎？

PPT可以協助使用者選擇適合的字體、設計、配色，讓簡報整體架構更趨完美，而製作這樣的資料時，會讓人覺得自己把工作做得很好。

這種感受會讓人沉浸在製作資料的過程中，於是，為了進一步提升完成度，人們便不知不覺花更多時間製作簡報。

可是，公司注重的不是體裁，而是資料本身。所以，若要清楚的表達內容，就必須盡量採取簡單的行動來完成資料，太過執著於細節，只會浪費時間與勞力。

如果只是簡單的說明，我認為用 Word 等工具條列出重點，一張A4紙就夠用了。就算是用手寫的簡單筆記，只要口頭補充能夠說明內容即可。也就是說，用最少的時間，換取最大的成效。

在工作時，只要容許惰性存在，你就會產生很多無謂、沒用的行動。

假如有事情讓你感覺很沒意義或太麻煩，則應該全力去思考解決現狀的方法。只要真心想解決，大部分的狀況，都能找到合適的解套方法。

很多人從未試圖解決，只是不斷發牢騷「維持現狀也無所謂……」、「為什麼我得處理這種麻煩事？」在休息時間或應酬時大肆抱怨，可說是最極致的浪費。

● 不穩定

許多人安排一天的工作流程時，都會碰到問題。

前文曾提到，「要區分適合在早上、下午、晚上處理的工作」，即使是同一個工作項目，在不同時段，工作效率也會有差別，有時可能進展得很順利；有時無法集中，使人倍感焦躁。

只要掌握自己在什麼時段，適合做什麼工作，就能有效改善這樣的狀況。

以前我在某個職場工作時，有個前輩總是在傍晚時處理文字工作，但由於他不擅長這類型的工作，所以他一直拖延，結果實際開始動手時，已經快到下班時間了，甚至過了下班時間，結果他只能獨自留下來加班。

把不擅長的項目留到後面再做，就像在暑假的最後幾天趕著寫作業的小學生一樣，因為沒有掌握好時段，於是工作出現問題。

人體的節奏與大腦的意識不一定是同步運作。一般來說，在早上的時段，腦部比較清醒，適合進行一些需要創作、腦力激盪的工作。

需要創作靈感的工作，最好在上班前就開始著手進行。因為上班時有很多其他的狀況要處理，很難專心在同一件事上，所以最好在上班前就趨近完成。

到了中午，則適合用餐，以及與人交談、活動身體的工作項目。用過午餐之後，人的注意力會較為渙散，所以比較適合開會討論、搭乘交通工具，或是需要力氣的工作項目。我為了維持一定的集中力，午餐吃得比較少，並且盡量將需要與人會面的行程安排在下午。

傍晚則適合處理固定工作事項或雜務，因為大腦運作一段時間，逐漸感到疲憊，而且意識到下班時間在即，更有助於人們加速處理雜務類工作。不過，這類工作再過不久，想必將被ＡＩ所取代，所以遇到不得不處理時，就應該設法迅速解決。

至於每天的工作效率不同、表現得不太穩定的人，請創造屬於自己的例行動作。

正如同本章開頭所提及，鈴木一朗在比賽前的準備動作一樣，請你每次在開始工作之前，做屬於你的例行動作。

如此一來，即使心情上有些浮動，也能慢慢穩定下來。請務必留意時段及例行化的重點，消除工作與心情上的不穩定要素。

最後，我將3M的定義整理成左圖，敬請參閱。

通勤時，進行企劃思考

各位上班搭大眾運輸時，都在做什麼呢？

根據我在電車上的觀察，有不少人在玩手機遊戲。但人在早上時，頭腦最清楚，若在這時候玩遊戲，不但可惜，也無法替你自己創造產值。我認為，讀

排除「3M」＝「超負荷、浪費、不穩定」

超負荷對策

- 安排「一源多用」的動線。
- 盡量讓一個動作同時產生兩、三種效果。

浪費對策

- 在工作上，不時自問是否採取了不必要的動作。
- 在跟他人一同處理工作時，適時向對方報告進度。
- 花太多時間製作公司內部用的資料，也是一種浪費。

不穩定對策

- 區分適合在早上、下午、晚上等不同時段處理的工作。
- 創造屬於自己的例行動作，在開始工作之前重複執行。

者不妨將這段交通移動時間，用於能輸入情報的創意性活動。

舉例來說，有時捷運裡擠到沒辦法看書或報紙。這時，你可以抓穩吊環，嘗試「企劃思考練習」。

例如，看著捷運上的廣告，試著問自己：「如果是我，會為專欄取什麼樣的標題？」如果看到商品宣傳，就自問：「這則廣告可以下什麼宣傳標語？」、「話說回來，貼在車廂裡真的有宣傳效果嗎？」、「如果要在其他地方下廣告，哪裡最適合？」

接連迸出的想法，就是商務上最佳的企劃思考練習。

即使需要透過智慧型手機來搜尋情報，也別只顧著逛社群網站，腦袋空空的度過寶貴的乘車時間。

選擇人潮較少的時段通勤

剛剛提到，早上通勤時，有時人多到很難看書看或報紙。不過當我們考慮到動線時，其實搭車時間也是一大重點。

無論如何，都應該盡量避開人潮多到使人倍感壓力的時段。因為太多人都擠在同個地方上，只會帶來無謂的疲勞。

在投資的世界中，有所謂的「反市場心理操作」，就是刻意不與人做相同的選擇，而去選較少人會選，藉此獲得較高的回饋。

為了避開尖峰時刻，你可以考慮採取其他的做法，例如選擇搭乘首班車，或利用剛剛提到的反向操作，（在徵求公司同意的情況下）在通勤尖峰時間過後再搭車。

不只通勤，還有其他類似的例子，請見下頁圖。接下來，我會依照這幾個例子，來進一步解說。

你浪費十三小時等電梯

抵達公司後，我經常看到許多人排隊等電梯。當然，不只我任職的公司是

選擇人潮較少的動線

・**電梯**

一大早就排了長長的人龍。

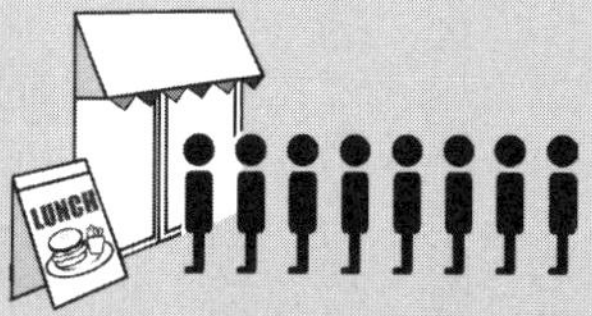

・**午餐**

熱門的餐廳大排長龍。

・**銀行**

發薪日當天一定得排隊。

掌握「什麼時段會人擠人」、「什麼時候人會比較少」，並且盡可能在人少的時間前往。

這樣，其實其他的商辦大廈也是如此。花時間排隊只為了搭電梯，我認為這樣的動線安排，實在不甚理想。

而且，依照電梯的性能差異，人多時，可能要等到三分鐘左右。假設一天花三分鐘等電梯，一年上班天數有二百六十天，換算下來，等於**你在一年中，共花了七百八十分鐘（約十三個小時）等電梯**。

你的人生，真的要耗費這麼多時間在搭電梯上嗎？

想想看，既然時間這麼長，是否能做出一些改變，像是思考不用等電梯。例如，早點到公司，趁人不多時搭電梯。若辦公室位在低樓層，則可以走樓梯上樓，因為如果選擇每天爬樓梯上班，那三分鐘就不算浪費，而是有益於身體的健身時間了。

刻意改變動線，省時也省力

每到中午的用餐時，商務區附近的餐廳都會湧現人潮，熱門店家甚至會大排長龍。明明午餐時間，也是員工的休息時間，許多排隊的人卻一臉疲憊。

不只等電梯、買午餐，就連發薪日當天的銀行或郵局也一樣擠滿人。這是因為人們總是在同一時間，選擇同樣的動線，才會形成這樣的隊伍。

我認為，至少應該要掌握目的地在「什麼時段會人擠人」、「什麼時候人會比較少」，並盡可能在人少時前往。

例如，將午餐時間稍微提早到十一點半。雖然有些公司可能無法自行更改午休時間，但我認為，在這種情況下硬性規定時間，對公司整體來說，非常缺乏效率，應進一步審慎思考制度的意義。

至於發薪日當天，別急著加入銀行前的隊伍，而是想想，什麼時候人少，並在那時前往銀行，這麼一來，你就能省下許多時間。

無論如何都該嘗試實際採取行動，並且盡可能改善現況。

這個道理不僅適用於工作，在放假時，看電影或前往遊樂園時也一樣。稍微避開人潮較多的時段，更能享受出遊的樂趣，甚至還有機會以便宜的價格買到機票、入住飯店。

此外，有時去商店，需要排隊，等店員結帳，而店員動作快慢，會影響隊伍消耗速度。

最近「無人收銀機」漸漸普及，以節省時間來說，我認為是更理想的選擇，但我發現使用的頻率其實並不高。

在推特（Twitter），某篇推文曾蔚為話題：一家影音出租店即使大力宣導「使用無人收銀機結帳，積點雙倍送！」可是，客人仍在有店員的收銀處排隊結帳，而無人收銀機前空無一人。

我實在想不透，既能縮短結帳時間，還能多拿點數，卻沒人願意使用無人收銀機。

後來，有人問了現場排隊的人：「為什麼你會選擇排這邊？」結果對方說：「反正都付一樣的錢，還是有人幫忙結帳比較划算吧。」

但我認為，這樣的想法可以說是錯得離譜。店家利用一部分的營收引進無人收銀機，既能為利用這個系統的顧客節省時間，店家本身也能省下人事成本，進而換取更大的獲益，這也是未來商業模式進化的方向。

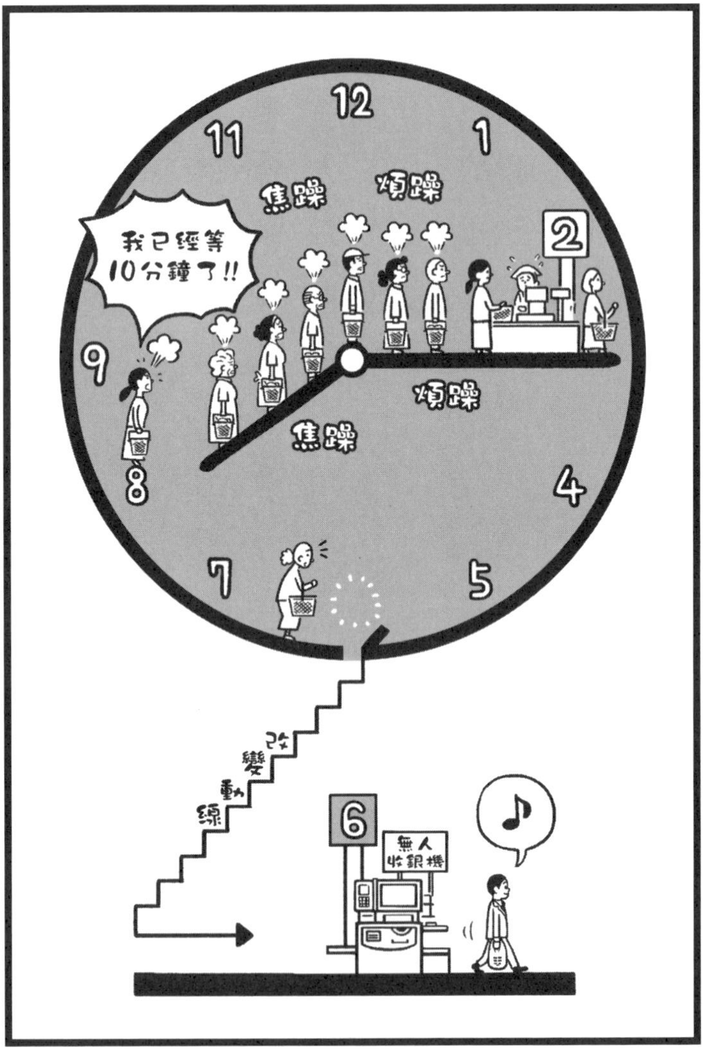
12
1
11
焦躁
煩躁
2
我已經等
10分鐘了!!
9
煩躁
焦躁
8
4
7
5
改
變
動
線
6
無人
收銀機
♪

這類現象不只出現在影音出租店，在新幹線（按：類似臺灣高鐵）的售票處也常出現相同的狀況。售票機前空蕩蕩的，人工售票處卻是大排長龍。

也許是因為大多數人是不想接觸不太熟悉的機器，這樣說可能有些刺耳，但從這樣的角度來說，這類的人幾乎等於放棄思考。

重點在於避開人潮，並且迅速掌握新的動線。在接下來的時代，具備這樣的敏銳度是十分重要的。

在眾人面前說話時，你的眼睛看哪裡？

各位曾經在二十人以上的場合發表意見嗎？

我在豐田工作時，從新人時期就有不少這樣的機會。例如在每週一次的朝會，我負責報告；在訓練課程時，我要在所有學員面前表達自己意見，或是在各種會議上發言。

如果是一對一的場合，或許容易掌握節奏，但若現場超過二十人，說話時，眼神的動線——視線的移動方式就顯得格外重要了。

大家都知道「跟人說話時，要看著對方的眼睛」，但當有二十幾個人在你面前，實際上很難看著全部的人。較有經驗的講者，大概會將整體約三〇％的時間，與聽眾眼神接觸。

那麼，剩餘七〇％的時間要看哪裡呢？

答案是**全體聽眾的正後方**。如果眼光落在太前排，後排聽眾會覺得自己被忽視，而望向全體人員的正後方，**會給人一種掌握整體狀況的從容感**。

此外，將現場劃分成四等分，以「∞」符號為動線，緩緩環繞現場環境，則能使人感受到你談話中的自信。

當然，不只得留意自己的視線，也要多觀察聽眾的眼神。

例如說到「今天有五臺車需要車檢」時，要單手比五，若現場有超過二十位聽眾，則要盡量將手舉高，好讓後面的人也看到（見下頁圖）。

這也是豐田經銷商店長們，在朝會時一定會採取的行動。或許有人會想，用講的就好了，沒必比出來。

運用肢體語言，讓人注意聽你說。
展
開
5
5
5
5

不過這樣的舉動，也是為了有效集中聽眾們的視線。

我在豐田參加內部訓練時，曾遇過類似的情形。講師在臺上滔滔不絕，臺下的學員聽久了，總是會低頭忙自己的事。所以講師在授課內容中，會適度加入一些肢體語言，讓學員不至於感到疲乏。

「我今天主要報告三件事情。」邊這麼說，你可以豎起三根指頭，「首先是有關○○的問題……」接著舉起一根手指，「接下來是關於○○……」單手在這邊比個二。像這樣，邊說明要表達的內容，邊搭配一些小動作，不只能夠匯集聽眾的視線，也讓人更容易理解接下來的話題發展。

在人前發表談話時，不僅必須留意自己眼神的動線，也要考慮到聽眾的目光動線，才能夠確實傳達內心的想法。

豐田最強動作經濟學語錄

- 主動往有人在的地方移動，然後打招呼。
- 寫出「今天要做什麼」，並設定完成的時間。
- 不想「因為〇〇，所以我做不到」，而是想辦法：「我能做些什麼？」
- 工作上需要用到的東西，閉著眼睛也能拿到。
- 在眾人面前說話時，目光要落在全體聽眾的正後方。

第三章

我用二五%規則設期限，工作永遠提早完成

我在第三章中，會提到調整行程或會議等動線細節。無論是什麼領域的工作，都需要會面。無論是他人前來公司拜訪，或是主動前往客戶的公司，必須事先調整、安排行程。

內勤和外務的日子，完全分開

調整行程時，請各位留意「自己原本計畫的行動途徑」。我之所以這麼說，是根據我在豐田第一線的實際經驗。

平常大多數人對維修技師的印象，是「只要維修汽車就好，基本上沒外務要處理」，但實際上未必如此。維修技師有時需要向客戶取車；在維修完畢，要試駕；去零件中心補零件；維修結束後，交車給客戶等，其實外出的機會相當多。

因此，第一線技師的主管會被上層要求，要有設計動線的能力。也就是負責分配讓哪一位技師做什麼，安排什麼行動等。如果安排出了差錯，很可能白白浪費不少時間。

動線設計的重點，在於沒有必要讓全體人員採取同樣的行動。有些技師可以負責跑外務，其他人則留在工廠，集中處理現場的維修工作。

「因為這樣不太公平，還是安排所有人都做一樣的工作吧。」

假如只因為這種半吊子的想法，讓所有技師處理外務，反而會拖垮組織整體的工作效率。

如果以非管理者的個人角度來看，就是不要天真的想：「一週只有星期一跟星期二可以出去，這樣工作分配太不平均了，我每天都外出處理工作吧。」你要有這個認知：外務跟內勤工作的日子應該完全分開，各別安排不同的行程。

需要處理外務時，難免得花一些時間做準備，更何況還要加上移動的時間。此外，在交通工具上能做的事也有限。

所以，若需要外出與客戶會面時，盡量將會面的行程集中在同一天。假如有其他外務必須處理，也可以考慮排進當天的行程中。

提早十分鐘抵達相約地點

到了與客戶會面當天，要盡可能提早抵達相約地點。

例如，盡快完成手頭上的工作，早點離開公司。雖然日本電車時刻非常精準，可說是聞名全球，但偶爾還是會誤點。

要是電車來得稍微晚一些，就得擔心時間是否趕得上會面，如果不幸遲到，還得一一聯絡相關單位及人士。

這麼一來，你要做的事就會瞬間增加，除了浪費時間，也間接消耗自己的信用。

當你提早抵達相約地點，可以在附近處理其他外務。現今這個時代，到處都能找到適合處理工作的環境。

早到十分鐘跟遲到十分鐘，結果可以說是天差地遠，不小心遲到所造成的損失可說是難以估計。

我有位朋友長期從事演講活動，平時很常遲到。他之所以會出現這種狀況，是因為他把時間抓得太緊。

由於需要跑到日本各地辦演講活動，免不了需要搭乘電車、新幹線、飛機等交通工具。但因為天候或事故影響，車子或飛機有時難免會誤點，結果他因此遲到好幾次，甚至有時無法如期抵達，因此面臨活動必須延期的窘況。

以結果而論，雖然是受到天候或事故的影響才遲到，但後來找他演講的委託量，也因此大幅銳減。

其實，只要稍微站在委託者的立場想想，就能理解委託者不考慮找他演講的原因了。

無論背後有什麼樣的理由，事實就是主講人沒趕上活動，好不容易辦好的企劃演講，卻被姍姍來遲、有高度遲到風險的人給毀了。主辦方除了要負責對聽眾們道歉之外，也會失去嚴重信譽，久而久之，大家漸漸不會想再跟這樣的人共事。

就我的習慣來說，若接到這類演講工作，我會計畫在活動開始前的幾個小時，就抵達會場附近，因此，我在前往全國演講會場時，不曾遲到。

出差前，先列出攜帶物品清單

出差時，行程動線往往會大幅度增加。雖然現在許多出差都是當日來回，不需要安排住宿行程，但仍然得先訂機票或車票，以及盡早打包行李。

我在豐田最第一線工作時，幾乎沒有出差需求，不過在轉戰ＩＴ產業之後，多了不少出差的機會。

我記得當時有一位晚輩總是忘東忘西，他每次出差都會漏帶東西，到了當地才想辦法處理；或到了最後一刻，才匆匆忙忙的抵達機場。

有一次，我忍不住問他為什麼總是這麼趕，結果他回答：「因為我早上在打包行李。」

其實每次收拾行李，要做的事都是一樣的。既然如此，為什麼要把時間耗費在同樣的事情上？我覺得很不合理。

在豐田第一線，幾乎所有的工作都有確認清單。只要比對清單進行作業，所有員工都能夠毫無遺漏的完成分內的工作。

這樣的清單也能夠應用在出差上。

最近我有幸接到一些演講的邀約，必須在短期間前往日本各地，也因為事先準備了攜帶物品清單（見下頁圖），大幅簡化了出差前的準備動作。因為只要依序按照清單內容，確認東西有沒有帶就好了。

這樣做既可以避免不必要的動作，也不用臨時煩惱要帶什麼，能一定程度減輕行前的壓力。

不過，當需要出差三天兩夜時，要準備的東西當然也不一樣。所以我分別製作了「兩天一夜」跟「三天兩夜」的清單，以備不時之需。

不過，確認清單可不是列完就沒事了，重點在於後續得定期更新。

在我的眾多清單當中，還有個演講確認清單。

除了筆電、電池、白板、簽字筆等隨身物品之外，還有確認麥克風音量、影像投影、播放影片的流暢度等，都是演講前不得忽略的細節。

有了這些事先準備，也不至於在演講時因為突發狀況而自亂陣腳。

提前製作清單與定時更新，是簡化動線的必須步驟。

出差時的攜帶物品清單

- ☐ 訂機票、車票
- ☐ 訂飯店
- ☐ 記事本
- ☐ 錢包
- ☐ 悠遊卡
- ☐ 名片盒＋補充名片
- ☐ 查詢拜訪對象的相關資訊
- ☐ 筆電／電池／充電器
- ☐ 書籍（閱讀用）
- ☐ 襯衫／襪子／內衣
- ☐ 摺疊傘
- ☐ 洗臉用品／手帕／面紙
- ☐ 常備藥品
- ☐ 書籍（販售用）／收據／簽字筆
- ☐
- ☐
- ☐

需要創造力的工作，早上做

先回到會面等外務話題。

跟合作對象討論會面時間時，我都盡量主動提出自己方便的時間。

我在第二章曾提到，早上是人腦最為活躍的時段。因此，我盡量避免在早上安排外務，並在中午前完成研擬企劃或需要發揮創造力、刺激腦力等工作。

到了下午，大腦逐漸感到疲憊，所以較適合與人會面或討論事情，避免給大腦過多負擔。

到了傍晚，由於大腦非常疲倦，所以可處理請款或填寫文件等雜務。

在經濟學用語中，有一詞叫做「收益遞減規律」，意思是，當資本與勞力增加時，雖然會提升生產量，但在達到了某個水平之後，產出就不會再上升，此時，增加投入所能得到的產出會隨之遞減（見下頁圖）。

也就是說，耗時費神雖然能得到良好的工作效益，可是一旦到達界線之後，工作效益會逐步下降。

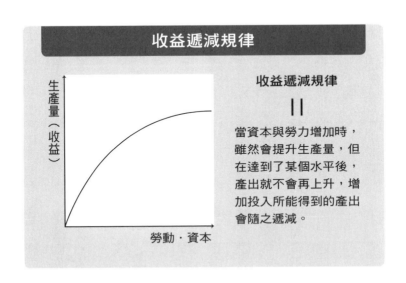

收益遞減規律

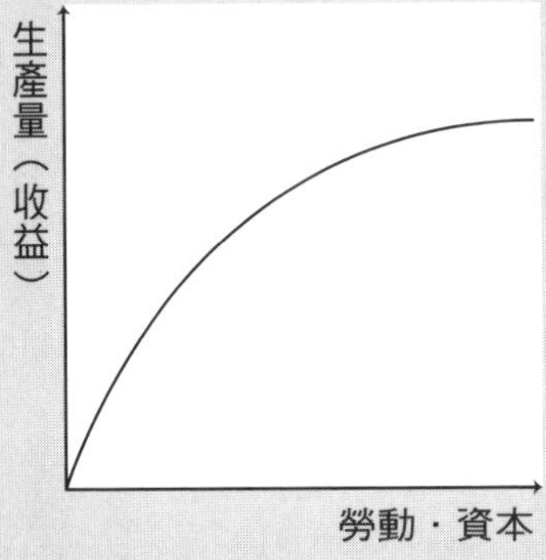

收益遞減規律

||

當資本與勞力增加時，雖然會提升生產量，但在達到了某個水平後，產出就不會再上升，增加投入所能得到的產出會隨之遞減。

史丹佛大學客座教授方洙正（Alex Soojung-Kim Pang）在著作《用心休息：休息是一種技能》（*Rest: Why You Get More Done When You Work Less*）中提到：「根據數十年的科學研究統計結果，需要大量使用腦力的工作，一天的勞動時間大約只能維持在四小時」。假如從早上九點開始工作，到了下午一點就已經四個小時了。

所以，需要動腦的工作，請盡量集中在中午之前完成。如果你總是將會面相關行程安排在早上，或是習慣在早上處理雜務，請立刻調整工作順序。

第四項動作經濟原則，是讓動作更省力。為了有效減輕工作負擔，請務必選在適當的時段執行適當的作業。

依照今天星期幾，來決定「After 5」

日本有「After 5」一詞，意指上班族在五點下班後，所進行的私人活動，我建議各位最好根據星期幾，來安排不同的 After 5。

在日本企業 Mediplus 研究所旗下的網路媒體「休憩實驗室」（Stress Off Lab），以研究壓力相關主題聞名。休憩實驗室在調查研究中發現：「**壓力大或小，因安排每週行程的方式而有不同**」。

壓力較小的人，會在新的一週前幾天進行與健康有關的行程，如去健身房運動、不喝酒、養生活動等；中間幾天則把時間花在購物等興趣上，或早點睡覺；最後到了週五跟週休二日，就安排約會或跟朋友出去喝酒，把一週的活動安排的多采多姿。

而壓力大的人，則是整週過著單調不變的生活，除了上班之外，沒有其他休閒活動，此外長期外食，甚至還有慢性睡眠不足等。

有句話說「上班時認真工作，放假時努力放鬆」，就是要我們更加重視張弛有度的生活。

下班時間就是截止期限

任何工作都有截止期限，那麼，該如何規畫有期限的工作呢？

在此，我想提倡的是「設定自己的截止期限」。

英國歷史學家帕金森（Cyril Northcote Parkinson）提出了帕金森定律（Parkinson's law），簡單來說，是指「給一個人多少時間，他就會花掉多少時間；給他多少錢，就會花掉多少錢。」人類即使擁有寬裕的時間，也總要到火燒屁股才肯動起來，正如我們小學的暑假作業，總等到快開學才草草做完。

但我們已經不是小學生了，所以更該為自己設下截止期限。

我在豐田第一線時，常聽到這句話：「把自己逼到絕境！」俗話說狗急能跳牆，陷入絕境時，人總會絞盡腦汁找出解決辦法。

想盡辦法把自己逼入絕境，主動為自己設一個截止期限，這麼一來，人就會產生「得趕上期限才行！」的想法，於是開始動工。

也因為如此，就算是沒有截止期限的工作，我也建議讀者可以設下「一個小時要做完」、「準時回家」這樣的目標。如此一來，便會開始從期限往前推算，思考如何分配時間，絞盡腦汁想辦法在時間內完成工作。

而最具體也最容易設下的截止期限就是「下班時間」了，先自己決定當天要下班的時刻，由此往前推算，就能夠規畫好一整天的工作。

活用二五％規則設期限

我在拙作《善用二五％規則，TOYOTA 精實到位時間管理術》中，曾經

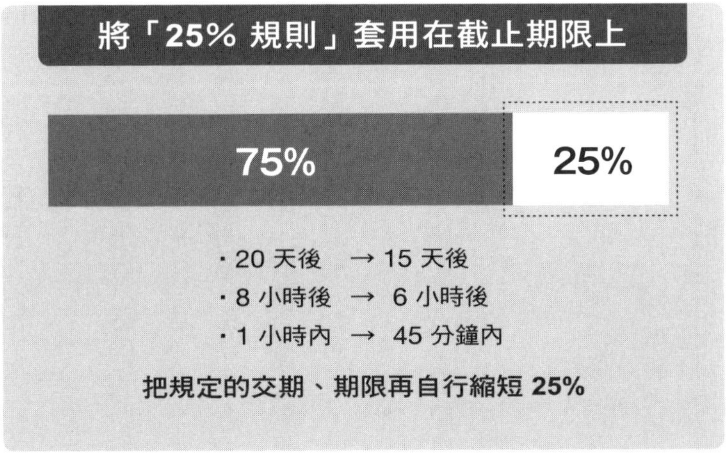

提到我工作時會使用二五％規則——將原本的截止期限及作業時間，自行縮短二五％。

舉例來說，若原本的期限為二十天後，就縮短為十五天；八小時，則提前到六小時；若遇到必須在一小時內提出提案時，則將所需時間壓縮成四十五分鐘。依此類推（見上圖）。

過去我曾試著想將作業時間縮短至五〇％，但往往無法如期達成，或因此造成弊害，經衡量之後，我便設定二五％這個數字，且得到良好的效果。請讀者在設定期限時，務必參考二五％規則，比如，若主管在週一交辦：「這份企劃書必須在本週五前完成」，請自動將完成企劃書的期限設定在週四。

然而，儘管是自己設定的期限，也有人沒信心能夠遵守，認為自己的意志力不夠堅強。

要解決這個問題，最好的方法就是盡量跟別人相約，像是下班後與朋友約飯局、上才藝班、看舞臺劇或者是看電影……無論什麼樣的內容都好，總之，就是盡量讓自己跟別人有約定。

只要先與別人有約，大多數人便會有擔心自己因拖延，而造成別人的困擾或有不想浪費門票的壓力，促使自己盡力趕上期限。

由自己安排工作行程，以往那種被強迫感就會消失，並萌生出自發工作的意識。

擁有自發性的人具有強大的行動力，能驅策自己絞盡腦汁，時時刻刻思考如何安排工作流程才能準時下班。建議各位在設定截止期限時，務必試著用二五％規則及跟別人相約的技巧。

開會，非得整點開始嗎？

在工作時，開會最耗時間。

雖然我在豐田第一線工作時，也多少需要開會，但自從我進入ＩＴ業界之後，參加過的會議簡直是多如牛毛。而這些會議中，往往有許多過程都讓我覺得很浪費時間。

請回想平常剛開始開會跟結束會議的時間。許多公司的例行性會議，都在早上九點或下午一點開始，總是以整點為基準。而且，永遠以小時為單位進行，例如：九點開始會議，要開到十一點；下午一點的會議，就得進行到下午三點，彷彿一切都是理所當然。

在豐田第一線，「對理所當然的事抱持懷疑」是一種習慣。

開會非得在「整點」開始不可嗎？其實幾點開始都無所謂，甚至從十五分開始也可以，因為跟習慣有所差異，而「更容易讓人意識約定的時間」。

實際上，在豐田第一線，下午一點四十五分開始業務會議、下午三點十五分開始技術會議……根本是司空見慣。

此外，開會也不會以一個小時為單位，而是以三十分鐘甚至十五分鐘為單位進行，有的甚至以十分鐘為單位，來針對主題討論，例如：

今日會議　十點十分至十點四十分

今日主題

- 主題A：十點十分到十點二十分
- 主題B：十點二十分到十點三十分
- 主題C：十點三十分到十點四十分

透過這樣的行程能讓人更加注意時間，若一開始就預留了充裕的時間，只會讓參加會議的人覺得「反正時間很多」，於是，會議流程散漫，時間在無意義的閒聊上慢慢流逝，結果花了兩個小時，才討論完三個主題。

聽說在 Google 公司，**以五分鐘、十分鐘為單位的會議更是屢見不鮮**，甚至在會議中，**把時鐘擺在所有人都看得到的位置**，可見他們有多麼重視有效利用時間。

誰該來開會？亞馬遜的兩塊披薩原則

「這場會議需要找哪些人？」——參與會議的人選，也是一項必須審慎思考的問題。

日本企業開會最讓人詬病的一點，就是具有「必須邀請上級」，或是「需要知道相關資訊的人員都要到場」這種文化。

明明現在有許多工具可以傳達資訊，而且上級的時間也非常寶貴，卻非得找來許多人開會，結果會議室裡擠滿人，而實際發言的人卻不到一半，此種情景不斷上演。

我認為開會時，只要找能針對主題提出解決方案的人參加就好了，切勿找一堆不相干的人。

據說，亞馬遜公司開會找人的原則，是以「能平分兩塊披薩的人數」為上限，雖然乍聽會讓人感到一頭霧水，不過仔細推敲就可以明白，兩塊披薩最多可以分給八個人吃，人多了就吃不飽，說白了就是，開會人數再怎麼樣，都不要超過八個人。

此外，事先將議案分享給與會者也是很重要的準備，以豐田來說，在開會時總會強調「準備好替代方案」。

如果在會議中提出「我覺得這個企劃不好」這種感想等級的發言，可以說，連小學生都不如。提出意見時，不只要明確說出反對理由，還得提出「這麼做會更好」的改良意見，若連這點都做不到的話，根本沒有開會的意義。為了成就一個「有意義的會議」，必須事先把議案分享出去，讓與會者能夠準備代替的方案。

順帶一提，**Google 公司有明確規定，必須在二十四小時內，將議案提供給所有與會者。**

想主導會議？坐靠近白板

接下來，我們來探討會議開始之後的動線。

首先要注意的是會議座位。

我說的座位，不是指「主位、副位」等職場禮儀，而是依照參與會議的目標而調整位置。我在第二章經說過，豐田員工參與的會議，都在圓桌舉行，但一般的日本公司不會使用圓桌，所以在挑選座位上才更應該講究。

舉例來說，**想主導會議時，最好坐到靠近白板的位置**，這麼一來，就能即時使用白板寫下意見。

在此叮嚀一句：開會時，務必準備好白板。當你在白板上寫下重點或把發言內容畫成圖表，能讓與會者更快融會貫通。

此外，一般公司在開會時，會安排一名與會者（通常是在場資歷最淺者）負責記錄會議內容，開完會後，還必須花時間製作會議紀錄。

我認為，其實不必特地編寫紀錄，只要會議主持人確實把討論內容寫在白板上，最後再用手機拍照傳送給與會者就行了。近來，有許多能將手寫文稿迅速轉換為電子資料的工具，若能活用這些工具，便能改善會議的流程。

另外，為了跟其他與會者好好的互動，座位扮演著重要的角色。坐在正對面的人最容易直接進行溝通，但在意見相悖時也最容易起衝突；反過來說，相鄰而座時彼此在心理上容易產生親近感，較不易針鋒相對。

因此，若知道「某個人很有可能持反對意見」的情況下，安排他坐在對方旁邊，就有可能降低會議中衝突的可能性。

開會座位和流程的重點，整理成下頁圖，敬請參閱。

減少在會議中虛耗時間的小技巧

在會議當中，我們需要注意哪些動線呢？

首先，整個議程中最重要的，是在會議一開始就確立「本次開會目的」。

當然開會也不會只有一種目的，開會理由包山包海，例如：為了分享資訊、要

留意會議過程中的「座位」及「流程」！

座位

- 坐到白板附近，以保有會議的主導權。
- 坐在正對面的人，溝通管道較為暢通。
- 座位相鄰的人，比較不容易互相攻擊。

流程

- 在開頭聲明「本次會議的目的」。
- 主持人要隨時注意時間。
- 最後回顧是否有達成會議目標。

決定某些方案、也有純粹大家一起腦力激盪的動腦會議。

然而有時明明開的是動腦會議，最後卻變成只有資訊分享，令許多人不禁懷疑：「咦？就這樣嗎？」歪著頭走出會議室。

目的不明確的會議只是浪費時間，所以，會議一開始就要讓所有與會者清楚知道開會目的，確立這場會議要達成的目標是什麼（見下頁圖）。

例如若會議只有三十分鐘，那麼，會議主講人要在三十分鐘內，帶領所有與會者共同達成目標。所

A
確立
開會目的
商品開發會議
A
D
B
E
C
F
A
A
A
A
A
A

以，最好在研擬會議、召集與會者的階段，就先確實傳達會議的目標。

前文曾提到，Google 規定在開會前二十四小時內，每個與會者都得拿到議案。在開會一開始時重申會議目標，則能促使與會者在有限時間內，以達成目標為前提進行發言。

順帶一提，在動腦會議上徵求意見，也有訣竅。光是丟出一句：「只要能改善業績，什麼意見都儘管說。」因為能說的內容太多，反而得不到有建設性的意見。

你要做的，應該是限定範圍，例如：「請提出能將現今審核文件的流程，縮短成十分鐘的方法」。

當然，談到限制，就得談到時間。Google 會在可見之處放上時鐘，而我建議，會議主持人應當手持碼表，在開會時隨時注意時間，如：「還剩下二十分鐘，請換到下一個議題。」開會的人最好要像這樣，時時刻刻留意時間，以推進會議進行。

另一種常見的情況是，很多公司在開會時，發給員工一大疊資料，讓大家一邊看資料一邊開會。結果臺下每個人都忙著看資料，根本聽不進臺上的人說了什麼。

讓聽眾成為低頭族，以動線效果來說，並非好方法。大家騰出寶貴的時間開會，最後很有可能因此浪費。

在豐田，開會前會事先整理摘要，所以每個人手上只會拿到一張會議資料，會議中，則口頭補充說明並進行討論。我認為這樣的方式很好，進行會議時，大家盯著議案投影片，口頭進行討論，再把結論歸納在白板上。

簡單來說，開會時，別再準備成堆的資料，因為這麼做，只會妨礙視覺動線。

所謂的會議，就是讓大家發言討論的場合，雖然前文提過，在召集會議時，要找能對議案提出解決方案的人，但總是會有人惜字如金、不肯發言。

當有人不主動發言時，主持人應當詢問「請問○○有什麼想法嗎？」引導對方提出意見，才不會讓「參加會議」這項行動，淪為無意義的動線。

到了會議的尾聲，再回顧目的有沒有達成，並且確認下一步行動的各項細節。

以上便是會議的基本流程。

其實，到處都有為了開會而開會的人，整天參加了一堆（沒意義的）會議，還感到樂此不疲，自顧自的喊：「忙死了、忙死了！」

千萬不要忘記，開會只是為了達成目標的一種手段。

要引導視線，但不能用雷射筆

我在第二章最後提到「引導聽眾的目光移動」，這點在會議上也很重要。但我不建議使用指示棒或雷射筆來引導。

我在日本各地演講時，有的主辦單位會準備指示棒或雷射筆，但我從不使用這類工具。

使用指示棒，並不是隨便指指就好，得考量好指示的位置。可是，若指示棒的長度不夠，就容易指錯地方，而且有時會不小心撞到投影布幕，害得布幕搖晃，結果聽眾根本看不清布幕上的內容。

雷射筆也是，聽眾的目光會追著雷射光點移動，只要光點稍微晃動，聽眾內心就會產生「咦？他很緊張嗎？」、「這是哪個牌子的雷射筆？」之類雜念。由於聽眾會產生無謂想法，所以我並不建議使用這些道具，來引導他人視線。

此外，還有一種情況，是用投影片播放簡報，但投影片上的資料卻會影響聽眾的專注度，讓聽眾的意識不自覺被簡報上的文字與圖片拉走。

這時，必須將聽眾的目光從投影片上拉回來。我的做法是，按下鍵盤上的B鍵（記住B就是Black〔黑色〕的字首），如此一來，畫面會變黑，讓大家專注在討論上。

另外，如果關燈下進行會議，按下B鍵，會議室會陷入黑暗中，這時，要按下W鍵（W就是White〔白色〕的字首），這樣畫面就會變成一片白。

偶爾站著開，效率更好

第二章談到「試著從座位上站起來」，我認為坐著開會是一種陳舊觀念。一有事就召集大家到會議室，然後坐下來，老神在在的開會，以動線來說，也稱不上優秀。

在某些議題上可以直接站著開會，在動線上更加簡潔，不但不用為了開會，而大費周章的調整行程，也因為站著說話比較累人，大家的發言會盡量精簡，沒幾分鐘就能夠開完會了。

事實上也有許多企業都採用這種方式，最有名的就屬生活用品大廠愛麗思歐雅瑪（Iris Ohyama），在十年前便已導入站式開會；以光學元件及影像技術著稱的佳能（Canon）董事長酒卷久，也一直提倡，不坐著工作，可見站著開會的風氣漸漸普及。

長時間站著開會，雙腿很快感到疲勞，對大多數的人來說，是一件苦差事，但也正因如此會不禁想「不希望腳變痠，所以要趕快開完會」、「只挑重點說」光是站著，就能有效讓大腦全速運轉，使與會者更加用心討論。

而且一直黏在椅子上，對健康也會產生不良的影響。

豐田最強動作經濟學語錄

- 與客戶會面當天，要盡可能提早抵達相約地點。
- 把自己逼到絕境。
- 對理所當然的事抱持懷疑。

第四章

文具怎麼放？筆記怎麼抄？都有動線

上班族的一天之中，有相當長的一段時間，都是在辦公桌前度過的。所以如果桌面太混亂，很可能害你浪費時間。

那麼，桌上哪些東西容易導致你產生多餘的動線呢？

將常用資料放在慣用手那側

首先要注意的，是桌上的物品配置。

只要以動作經濟為基礎，就能整理出適合自己的物品配置方法。我在這裡重新列出動作經濟原則：

原則1　工作時，雙手要處理同一件事。

原則2　盡量減少需要的基本動作。

原則3　把每個動作的距離縮到最短。

原則4　讓動作更省力。

舉例來說，當右撇子邊講電話邊抄筆記時，通常是左手拿話筒，右手寫字。所以從原則來思考，就是電話放左側，筆記本擺在右邊。

同樣的，對右撇子來說，常用的文件資料應該放在右側，才能方便拿取。雖然這些只是小細節，卻能節省你工作中動作的幅度或次數。

我看過不少上班族會把整理好的資料放在櫃子裡，每當要用到時，還得起身走到櫃子去拿；明明是右撇子，卻把文具放在左邊收納盒裡，常常得彎腰或伸手去拿。

只要小動作一多，就會浪費一定程度的時間。即使每次只是多花短短幾秒，以年為單位來計算，損失的就會是大量的寶貴時間。

找資料要遵守十秒原則

我認為，**找資料要設定一個基本原則——十秒原則**。

在豐田的第一線就是如此。

在維修過程中，有時必須用一些挑戰人體極限的姿勢鎖緊螺絲，前輩要是在這時向後輩要求支援：「給我扳手！」如果沒有馬上把工具遞給他，就會被罵。就像外科醫師在手術中，對助手說「手術刀」一樣，如果助手的反應是「咦？手術刀放哪了？」然後才去找手術刀，那可就不是被罵這麼簡單了。

所以無論處在什麼情況下，都要在十秒內拿出工作用的工具。

請各位試試看，能不能在十秒鐘內，找到自己常用的資料或備品。

如果沒辦法在十秒鐘以內找到要用的東西，那就表示你在整理資料跟用品上，出現問題。

決定物品擺放位置，就能提升效率

那麼，我們該如何整理、整頓物品呢？你可以參考第二章所提到三定原則中的定位——決定明確的配置場所。

在豐田的第一線，有一種說法是「不需要找東西，要拿東西」。會需要找東西，就代表物品沒有放在應該放的地方，才需要找，假如物品已經放定位，當然就不用特別找了。

就像人們結束一天的工作，準備踏上歸途，沒有人要特地找自己的家在哪裡。甚至，我們時不時聽到這種例子：喝得爛醉，清醒過來，人已經在家了。關於家的記憶，就是如此深刻的刻劃在腦海中。

同樣道理，每天會使用到的工具就要決定好擺放的位置，讓自己熟悉到就算喝醉，也能輕鬆拿到。

我使用筆電時，右邊一定會事先放好已經攤開的筆記本和筆，左邊則是充電中的智慧型手機。在我腦海中，這樣的配置已經成為固定模式，就算閉上眼睛都拿得到。

除了物品擺放位置，工作場所也要設法增進「查詢的效率」。

例如，放在檔案夾裡的資料，可以依種類，以不同顏色的資料夾分裝，或是貼上標籤方便快速識別。放在辦公桌上的資料夾，則是立起來排列會比較好。橫放雖然容易堆疊，但會犧牲查詢的效率，最後反而得花更多時間來尋找資料。

此外，因紙本資料太占空間，又很難整理、查詢，所以，若情況允許的話，我建議盡量統一以ＰＤＦ等電子檔來管理比較好。

以資料電子化為目標，不妨每個月空出一天，專門用來整理資料。

可能有些人會覺得，平常工作都這麼忙了，哪來的閒工夫整理資料？但事實上，當你養成這個習慣後，反而能比以前更快找到資料。

辦公桌只能放現在要用的東西

上了一整天班之後，先花三分鐘，將辦公桌整理乾淨再回家。

豐田的職場原則之一，就是桌上只能放「現在要用的東西」。因此到了下班時間，辦公桌上看不到文具、文件之類的物品。也正因為桌面已經整理乾淨，隔天早上一到公司，馬上就能開始處理工作。

辦公桌上的空間，是規畫動線的一大重點。工作空間不足，除了不順手以外，也可能影響到整體的作業速度。

抽屜也要落實三定原則

有不少上班族，辦公桌桌面雖然能保持乾淨，但抽屜裡卻非常亂。有些人可能覺得桌子看起來乾淨就好，或是本來就不喜歡整理。不過如果只有抽屜亂，很可能只是因為你沒有掌握到要領。

所謂的要領，就是使抽屜中的物品維持定量。

首先該做的事，就是決定好每一項物品的數量。決定好數量之後，為了避免抽屜內放太多東西，所以要先安排好擺放物品的位置，並且在超過一定數量後，就不再繼續放進抽屜。

接下來，就是要安排定位了。根據使用頻率及效率良好的動線，以最短、最低限度的移動距離，來規畫物品擺放的位置。

至於共用工具，可以在收納處貼標籤，甚至在旁附上物品的照片，這樣不需特地打開抽屜也一目了然。

東西總是容易堆在人們不容易看見的地方，在這種情況下尋找特定的物品，可以說非常花時間跟動作。所以，盡量把常用的工具放在看得見的位置，才能有效減少工作中不必要的動作。

人們容易堆在抽屜深處的，大多是「感覺總有一天會用得到」的東西。我建議可以把這類物品設定有效期限，以作為判斷標準，定期進行整理。例如，區分成三個月或一年內等，並且明確標示日期，等到超過期限就統一處理掉。

前文提到的內容，都屬於三定：要決定將多少數量（定量）的某種物品（定品），配置在哪裡（定位）。

該如何挑選物品（定品），就根據使用頻率與動作經濟原則，作為決定的標準。

也就是說，越常用到的物品，就要放在越容易拿到的地方。自己最常用的東西是哪些？放在哪裡比較容易拿到？這類使用頻率與動作經濟的特徵，都是設定動線時，必須特別留意的重點。

選用四色原子筆和A4尺寸的白板

想妥善規畫辦公桌上的動線，文具也是不可或缺的要素之一。例如臨時要記東西時，卻發現手邊沒有合適的文具，或是難以辨認寫下的內容等，都會影響到工作的流暢度。

首先要介紹的文具，是有助於規畫動線的多用途文具筆。

在所有筆當中，我最推薦的是四色原子筆。

在豐田第一線工作時，由於需要使用不同顏色，來填寫維修紀錄簿，因此每位技師都會隨身攜帶三色或四色原子筆。使用不同顏色來分類，之後較容易閱讀、查詢。

以近年新出的文具系列來說，我覺得百樂文具（PILOT）的四色按鍵魔擦筆非常好用。這種筆除了能夠輕鬆擦掉寫錯的部分之外，還包含四種顏色，使用起來非常方便。

接下來，我要介紹的是有助於發展動線的記事法。

為了保持動線順暢，重點就在於不能遺漏任何待辦事項。

像豐田第一線的管理者，在召回改正活動等時期，需要負責的車輛數會變多，工作量也因此跟著暴增。由於開會與確認細節等雜務也比平常多，很容易忽略平常不可能遺漏的細節。像這種時候，A4大小的白板會是你最得力的好幫手。

假如，必須在幾天之內完成的工作項目，你可以在白板寫上清單，放在辦公桌上，確保隨時可以看到，這樣就不可能會忘記了。

此外，與他人談話時，要是遇到難以解釋的狀況，也可以用白板畫圖、寫字進行說明，使溝通更順暢無阻。到了這個年代，白板雖然可能被 iPad mini 等科技產品所取代，但我想無論在哪個職業領域，都能適用這樣的方法。

筆記本要選方格的

有些人習慣把工作瑣事寫在紙上，我特別推薦這類的人使用「Rollbahn」的筆記本。

因為 Rollbahn 筆記本的內頁是方格樣式，比一般只有橫線的內頁更容易繪圖或製作表格。

筆記內容維持整齊乾淨，之後閱讀起來也比較容易掌握重點。

人有時候一心想著「先趕快把重點記下來」，就隨手在沒有格線的頁面上塗塗寫寫，結果之後回過頭看，才頓時一愣：「咦，我到底寫了什麼？」這樣就失去寫筆記的意義了，既然要寫，不如選擇易寫、易讀的筆記格式。

我會推薦 Rollbahn 筆記本的另一個原因，在於它是線圈裝訂。平時在桌上、電車、咖啡廳等空間不夠大的地方，一般的筆記本必須用手按住一側，才能好好寫字，此外，若中間產生摺痕，折到的部分會很難書寫。一般的筆記本中間呈現山字形，如果硬是要壓平，筆記的頁面很可能會因此脫落。

如果選用線圈裝訂式筆記，就解決了這個問題，就算在空間狹窄的地方，也能直接將筆記本折半使用。

只不過，線圈式筆記本也有一些缺點，像是線圈太硬容易刮到手，或是勾到其他文具等。

如果你會在意上述提到的缺點，我推薦 KOKUYO 的軟圈筆記本。這種筆記本的線圈是使用特殊素材製成，書寫時，即使手壓到，不會感到不適，也不容易勾到其他物品。雖然跟一般筆記本相較之下價格較高，但為了保持動線的流暢度，我認為值得使用。

橫向使用筆記本

考慮到規畫動線，「用什麼方式寫筆記」也是一項重點。大至上來說，是**寫筆記時，盡量將筆記本擺成橫向**。

一般人寫筆記都會直著寫，但寫成橫向，能讓情報更加容易進入視野當中。以Ａ４大小為例，橫向的資料會比直向的資料更容易理解。因為不太需要移動視線，就能掌握到整體情報，而且以理論上來說，人的雙眼本來也就是橫著長的。

工作上會用到的 PowerPoint 資料大部分也是以Ａ４橫向為主，在製作資料時，可以橫向使用筆記本打草稿，再以電腦實際製作。

寫筆記的理想方式，就在於盡量簡化。以豐田為例，就是將資料集中在同一張紙上，這項知名的做法，在許多書籍中都有介紹過。但不僅是豐田，據說ＮＨＫ（日本廣播協會，為公共媒體機構）節目的企劃書、東京大學錄取者的筆記、ＪＴＢ（日本規模最大的旅行社）與麥肯錫等知名企業，也有「將重點集中在一張紙上」的傳統，簡化資訊就是如此的重要。

實際上，我在ＩＴ企業等工作上，收過不少厚重的資料或企劃書。閱讀後發現，製作者只是把所有資訊都塞進要繳交的資料裡。也就是說，對方只是想交差了事，並沒有考慮過如何讓閱讀者充分理解內容。

所以，作為鍛鍊的一環，平常就要養成習慣，將資料簡化成筆記摘要。所謂的簡化，就是將資料的重點整理歸納在筆記當中。

例如，我在與豐田的前輩開會討論之前，都會先在筆記上整理出下列三項重點：

- **目標**。
- **下一項行動**。
- **期限**。

討論的主題可能每次都不一樣，不過必定會有具體目標。首先要明確列出最終的目標。

在前文曾提到「設定明確的目標之後，再開會」，這個步驟也適用於個人，在設定目標之後，比較能夠堅定立場，不易受到旁人左右。

至於在討論前整理出「下一項行動」，也是同樣的道理。這麼做，除了可以讓與會者的人意識到，目前的行動要「進行到什麼階段」，也能避免話題偏離重心或無疾而終，能夠有效減少不必要的爭議及動線。

活用筆記本與便利貼，激盪腦力

汽車展示中心一到假日，總是會舉辦各種精彩的活動。在思考活動內容的企劃會議上，常用的道具就是便利貼和筆記本。與會者會將想到的點子全部寫在便利貼上，再一一貼上筆記本。

總之就是想到什麼寫什麼，等所有人都貼好之後，再更換不同主題，收集不同組別的想法，結果總是令人驚嘆。自己貼在筆記本上的點子，竟然還能有其他發揮空間。只要懂得活用筆記本，就能交流激盪出不同的火花。

近年來，在會議或討論中，不少人會只帶著一臺筆電，只顧著打字。雖然這樣能立刻輸出的數位資料，非常方便，但其缺點是，遇到一些需要激發創意的工作，仍難以拓展思路。

事實上，某項研究也證實，**「同樣的情報內容，跟數位資料相比，大腦比較容易理解紙上的實體資料」**。

電腦可能阻隔人類的思考能力，所以，最好根據用途，來妥善安排使用的時機。

活用簡寫，也是一種動線

在辦公桌上，跟筆記本的使用頻率差不多的文具，就屬記事本了。記事本有不同種類，每個人的寫法也不盡相同，在使用上自然沒有標準答案。

不過，以動線的角度看來，「活用簡寫」就顯得特別重要。

在豐田第一線負責維修工作時，幾乎都是用簡寫來填維修紀錄。為了減少記錄的時間，盡量簡化記述的內容，這樣的做法也是來自先人的智慧。

以「調整」一詞為例。在我們調整過手煞車，使其更加靈敏後，要在該項目寫上「調整」兩字太花時間了，所以統一標記為「A」，也就是調整（Adjust）英文字母，這樣的簡寫在全國豐田都通用。

在使用筆記本時，只要自己設定好特定的簡寫，記錄起來會更方便，如果以提升情報的機密度為主要考量，效果也十分顯著。

以一般的職場來說，比較常見的簡寫，大概就是MTG（會議）、NR（直接下班）等。除此之外，可能還有幾個常聽到的詞彙。

我以「在新宿車站跟田中先生會面，一同前往會議」為例，請見下頁圖。

因此「在新宿車站跟田中先生會面，一同前往會議」這個行程，就可以寫成：「MTG@新宿 St. w/ 田中」。這樣看起來是不是簡短多了，我再舉幾個常見的例子：

- @ ……唸做 at，代表時間或場所的前置詞。

  （例：MTG @ 新宿車站，田中）
- w/ ……With，與他人一起行動時使用。

  （例：MTG @ 新宿車站 w/ 田中）
- St. ……Station，指的是車站。可以更簡潔的寫下車站名稱。

  （例：MTG @ 新宿 St. w/ 田中）

- msg ……message（訊息）在需要轉達他人訊息時使用。
- d/c ……double check（再度確認／需要確認）須重複確認資料時使用。
- A/W …… after work（下班後）可用於工作後的私人時間和活動。

如果熟練到這個地步，平常在記事本寫私人行程時，也都可以用記號來表示了。

例如，約會用「♡」表示，演唱是「♪」。其他像用○或□圍住開頭字母，也可以代表不同的場合，如：

- 用〇圍住「S」，就是研討會（Seminar）。
- 用〇圍住「L」，就是午餐（Lunch）。
- 用〇圍住「D」，就是晚餐（Dinner）。
- 用〇圍住「出」，就是出差等外務。

說到出差，假如要前往的地點或地名很難寫，也可以用簡寫來表示。例如航空業會將羽田機場簡寫為ＨＮＤ，札幌ＳＰＲ，青森ＡＯＭ，仙臺ＳＮＤ，東京ＴＫＹ，福岡ＦＫＯ等。我將前文提到的簡寫，整理成下頁圖，供讀者參考。

不過在使用簡寫時，要特別注意，是否有已經普及的相同用法。舉例來說，某人要去博多（按：日文唸法為Hakata），將地名寫作ＨＫＴ，其他人就有可能誤會成是某知名偶像團體。

再舉一個例子，我平常會定期回老家，因此，我會把預定時間寫在記事欄上，並標註ＪＫ，結果某次無意間被別人看到，馬上產生天大的誤會（按：作

活用簡寫，強化記事本的動線

@	時間或場所的前置詞
w/	With＝與誰一起行動
St.	Station＝車站
msg	message＝訊息
d/c	double check＝再度確認／需要確認
A/W	after work＝下班後
♡	約會
♪	演唱會或 Live

Ⓢ	研討會
Ⓛ	午餐
Ⓓ	晚餐
㊀	出差
札幌	SPR
青森	AOM
仙台	SND
東京	TKY
福岡	FKO

者將ＪＫ設定成老家的簡寫，不過在日文中，ＪＫ一般是指女高中生）。

稍微岔開一下，若有任何細節想提醒未來的自己時，別只是單純把要做的事列進清單中，因為你可能會搞不清楚哪個待辦事項比較重要或緊急。在這種時候，我認為對話框是很好用的幫手。利用像漫畫的對話框（見下頁圖），提醒自己「這樣想就對了！」、「要記得趕快解決喔！」

不論是簡寫或對話框，都

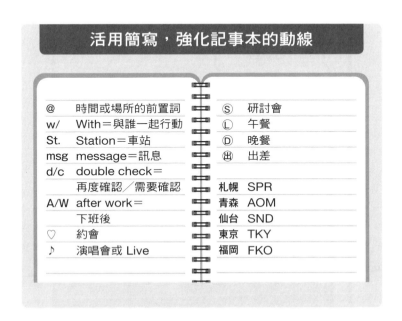

氣泡框
很重要喔♥
May 5
June 6
2019
19
Sun
日
17:00
跟○△出版社
開會
想好
五個提案！
20
Mon
一
13:00 會議
・福井RSS Lotels～
・M-fac T capea
・Gan 22 CCVR
18:00 田中先生
（suitable）
聚餐
澀谷
義式料理
Lode Arnoux
21
Tue
二
15:00 午餐 中岡先生
16:00 學習會 Ⓟ
上午 寄送 商品5件
帳單 ・ROX ・CT
・VR ・2es
22
wed
三
寄送 DG公司
商品10件
急件！
23
Thu
四
16:00 學習會
整理好21日
的上課內容！

能一看到就立刻能夠做出判斷，這是引導出高效率動線的重點。

畢竟，看了特地寫在筆記上的內容，卻想「我當初寫這個到底是什麼意思？」只會造成反效果。

安排單日行程時，也別忘了年度、月分計畫

使用記事本安排行程時，有一個重點是同時從年度、月分的角度，來確認計畫內容。

人們每天被工作進度追著跑，難免著眼在「今天」、「現在」所發生的事，視野容易受到侷限。但如果能夠換個角度，從「一週中的今天」、「一年中的今天」等觀點來看，能更長遠的掌握行程的節奏。

這也是活用記事本的絕佳動線選項之一。

豐田最強動作經濟學語錄

- 不需要找東西，要拿東西。
- 辦公桌只能放現在要用的東西。
- 活用簡寫，記錄會更方便。

第五章

開機、關機、打字、切換的最省力技巧

現代上班族最不可或缺的工具，就屬電腦了。大多數的人在工作時，都會用到電腦。因此，使用電腦的方式，顯得更加重要。

我在豐田擔任維修技師時，通常拿著工具分解或組裝零件，不過隨著汽車產業逐漸朝電子化方向發展，也增加了不少使用電腦的機會。

在辦公室工作的上班族，更應該意識到該如何使用電腦，以提升效率。

利用應用程式，掌握你工作的時間

在抵達公司之後，先按下電腦的開機鍵。接下來，各位會先把時間花在哪裡呢？

有的人會馬上打開社群網站，漫不經意的逛著朋友的社群動態，或是看跟工作無關的電子雜誌或是藝能界的八卦新聞。

雖然不是禁止人們看這些內容，但你應當有所自覺，自己浪費最適合衝刺的寶貴時間（早上）在瑣事上。

此外，有些人習慣一整天收好幾次信件，也有些人一開始逛推特，就逛到停不下來，回過神來，開始自責「我怎麼又浪費那麼多時間……。」

雖說每個人的動線本來就不一樣，但要處理公事時，還是應該收斂一下這類的習慣。

既然有了自覺，那麼，我們該如何集中精神在工作上？該如何盡量減少浪費時間的行為？我認為，為求達成目標，就要建立規則。

假如每天習慣開信箱好幾次，就規定自己在何時看信件；如果花太多時間在逛社群網站，就規定自己在社群網站只能花多少時間。並關掉社群網站的通知。

那麼，要如何讓自己的習慣更有效率呢？

前陣子流行一種「記錄式減肥法」，藉由記錄下每天的飲食內容，了解自己的飲食習慣，以達成減重的效果。

時間的分配方法也是同樣道理，藉由記錄習慣，讓時間可視化——就是能看見自己如何運用時間。只要能看見自己使用電腦的時間，自然能提升效率。

運用「Clock it!」
讓你能看見自己使用多少時間

順帶一提，在豐田的第一線，所有工作細節都講求要能讓人看到。

在現代，有越來越多工具能協助使用者看見自己使用多少時間，以個人免費用戶來說，我特別推薦的應用程式「Clock it!」（見上圖）。

只要提供電子信箱就可以立即登錄，使用方式也很簡單，在程式中輸入不同工作項目，就會開始自動記錄，之後可以透過圖表或CSV檔案（按：逗號分隔值，Comma-Separated Values，簡稱CSV，以純文字形式儲存表格資料），詳細了解各工作，如收發電子郵件、製作文件等，花費多少時間。

重開機，提升電腦的處理速度

透過可視化，掌握工作時間之後，接下來要留意的是動線效率，這點也包括電腦本身的作業速度。

我在第二章曾提到動線是指走路速度，在這一節中，則指電腦處理速度。電腦的處理速度快慢，取決於CPU和記憶體。運作一段時間後，電腦速度就會逐漸變慢。如果到了傍晚，發現電腦處理速度明顯變慢時，若認為「反正會動就好」，然後繼續使用電腦，時間一久，連自己工作的速度，也會跟著變慢。

具體的解決方法，就是在工作處理到告一段落之後，在暫時離開座位時，重新啟動電腦。重啟電腦也意味著工作已經完成某個階段，有助於接續到下一個項目。

只不過，如果電腦使用的作業系統是Windows 8.1或Windows 10，重新開機不會產生太大的效果。因為這兩種作業系統預設搭載「快速啟動」的功能，為了快速開機，在關機時，會自動保存記憶體及CPU的使用狀態。

所以，如果想利用重開機，來提升電腦的處理速度，就要選擇完整關機的功能。

完整關機的方法

1. 點選左下角的「開始功能表」。
2. 點選「電源」。
3. 按著鍵盤的「Shift」，點選「重新啟動」。
4. 會出現「選擇選項」的畫面。
5. 選擇「關閉您的電腦」。

這個方法能暫時使快速啟動失效，讓電腦完整關機。想重新啟動時，只要跟平常一樣按下電腦的電源鍵即可。在完整關機之後，第一次啟動時，會比平常多花些時間，不過在第二次啟動之後，應該就跟一般開機的速度差不多了。

加快開機速度的小技巧

近年來，使用平板電腦工作的企業似乎越來越多。平板電腦的好處之一，是開機速度非常快。只要輕輕按一下電源鍵，馬上就能處理工作，這點格外吸引人。

不過，平板電腦雖然方便瀏覽網頁，或是接上鍵盤，也能寫電子郵件，但一旦需要製作圖表或是 PowerPoint 資料，還是使用電腦會比較方便。

只是，電腦在開機上確實很花時間。

我在某ＩＴ企業工作時，有一位前輩因為覺得等電腦開機太花時間，常利用這段時間去便利商店買早餐。我想，這也算一種動線安排。

我相信有一些讀者看到這裡，會想：「只不過是等電腦開機而已，有這麼誇張嗎？」

事實上，豐田的第一線人員，都被強烈要求探討問題的本質。在這種情況下，問題的本質不在於「等待開機時，要做什麼」，而是要「盡量縮短開機所花費的時間」。等於進一步去思考「為什麼開機這麼花時間？」、「難道就不能加快開機的速度嗎？」

稍微做點功課就可以得知，「拖慢電腦開機速度」不外乎就是那幾種原因，只要找出應對方式就能解決這個問題。

接下來提供的方法，主要以 Windows 10 作業系統為標準，不過做法可能有些非主流，請各位視情況需求自由運用。

加快開機速度

各位每天一定會用到的應用程式是什麼呢？Windows 會自動篩選常用的應用程式，會在開機之後，自動開啟於「工作列」。

麻煩的是，電腦在製造的階段，就被安裝了數款不同的應用程式，並且自動登錄在工作列中。

此外，在安裝不同軟體時，螢幕上也會出現「要登錄在工作列嗎？」的畫面，而且還已經幫你打好勾了，假如沒有特別留意，就會完成系統登錄，久而久之，進而影響開機速度。所以我們要先確定，在開機之後，有哪些程式會自動開啟。

首先請打開 Windows 的工作管理員，確認其中「開機」這個項目。具體步驟如下，在左下方開始功能表的圖示上點選右鍵，或是同時按下鍵盤的 Ctrl＋Shift＋Esc，可以打開工作管理員。

從工作管理員的視窗中，點選右側「開機」的標籤。

從這裡可以掌握應用程式的使用頻率。如果其中有沒看過，或平常用不到的程式，可以在該程式的「狀態」欄位點右鍵，選擇「停用」（見左圖）。

停用不常用到的程式

電腦會自動開啟許多程式，進而影響開機速度，所以要停用不常用的程式（見上圖箭頭指的地方）。

解除不必要的視覺效果

多年前，Windows 呈現的畫面非常簡單，不過隨著新版本問世，設計上也漸漸變得美觀，資料夾甚至出現3D效果，顯示出立體感。

但，別只顧著驚嘆作業系統在特效面越來越進步。事實上，視覺效果越是講究，越壓縮電腦本身的效能，所以如果講求效率，可以考慮解除預設的視覺效果，以加快開機的速度。步驟如下：

1. 在 Windows 開始功能表的圖示上，點右鍵，選擇系統。
2. 視窗會顯示裝置規格，選擇相關設定中的系統資訊。
3. 在系統視窗中，選擇左側的進階系統設定。
4. 出現系統內容視窗，點選上方的進階，選擇效能欄中的設定。
5. 在效能選項視窗中，點選上方的視覺效果，選擇下列其中一項視覺效果之後，按下確定。

「讓 Windows 選擇對我的電腦最佳的方式」……依據使用的電腦環境，自動調整成最佳的視覺效果。

「調整成最佳外觀」……優先勾選所有視覺效果。

「調整成最佳效能」……優先取消所有視覺效果。

「自訂」……從「自訂」欄選擇偏好的視覺效果。

一般來說，預設選項是「調整成最佳外觀」，所以你可以將選項改成「調整成最佳效能」或是「自訂」，選擇個人偏好的視覺效果即可（見下頁圖）。

關閉多餘的音效

電腦在開關機時，會自動播放系統音效。

其實這也是拖慢開機速度的原因之一。而且，要是你在咖啡廳不小心把筆記型電腦的音量開太大，只會覺得丟臉，並不會有任何好處。

如果沒有特殊的個人喜好，例如「沒聽到那個啟動聲，我就沒辦法好好工

將視覺效果設定為調整成最佳效能

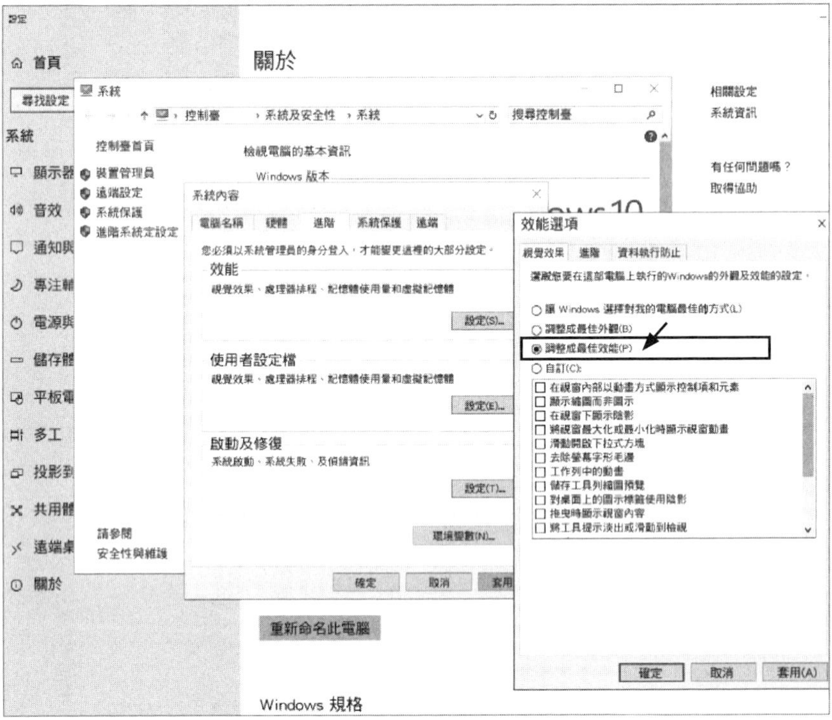

太多視覺效果，也會讓電腦變當，只要取消所有視覺效果，即可減輕電腦負擔（見上圖箭頭指的地方）。

作」之類的原因，我建議你可以考慮關掉該音效功能。

當然，把電腦音量調到最小跟關掉音效功能，實際上完全不一樣。

用具體的說法來比喻，開機時要播放系統音效，就像電腦要多雇用一個樂團。就算不需要它發出聲音，已經被雇用的樂團還是得隨時待命，也因此需要耗費一定的人事成本。

所以，若沒有樂團出場的機會，那麼，直接解雇那個樂團就好了。

以 Windows 10 作業系統為例，只要在右下角工具列的喇叭圖示，上按右鍵，點選音效→跳出聲音控制臺後，找音效配置→點擊選單後，選擇無音效即可（見下頁圖）。

再來，只需要取消下方的播放 Windows 啟動音效，就完成了。

加強鍵盤靈敏度的方法

加快開機的速度之後，我們接下來要討論的是鍵盤的反應速度。工作時，

不能只將「音量關到最小」，要澈底調整成「無音效」

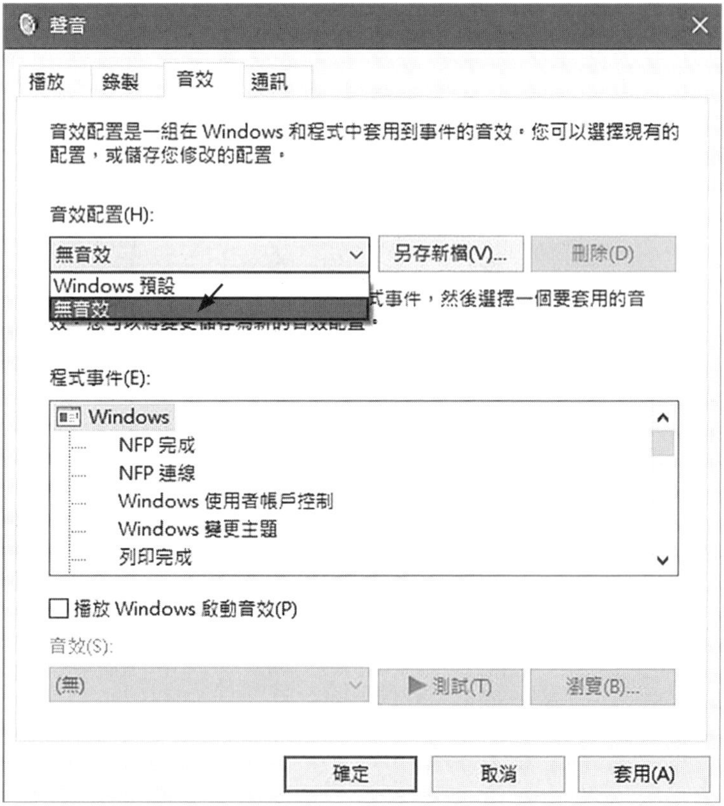

音效也是影響電腦速度的原因之一，既然用不到音效，那就關掉（見上圖箭頭處）。

大多數時間都需要使用鍵盤來打字。

有個方法可以有效加快「打字後文字顯示的速度」。

其實電腦在出廠時，預設的反應速度偏慢，我們可以運用一個技巧來進行優化：

1. 在 Windows 開始功能表上點選右鍵，選擇控制面板。
2. 開啟面板後，點選鍵盤，順帶一提檢視方式可自由切換成圖示大小。
3. 在鍵盤設置中，將延緩重複與重複速度調整至最右側（見下圖）。

假如有很多信件需要處理，一天要打的字數，累積起來想必十分驚人，在這種情況下，稍微改變設定就能夠節省許多時間，打起字來也比較輕鬆，以改善動線的角度來說，可說是一舉數得。

所以在開始工作之前，請務必優先變更這項設定。

加強鍵盤的靈敏度

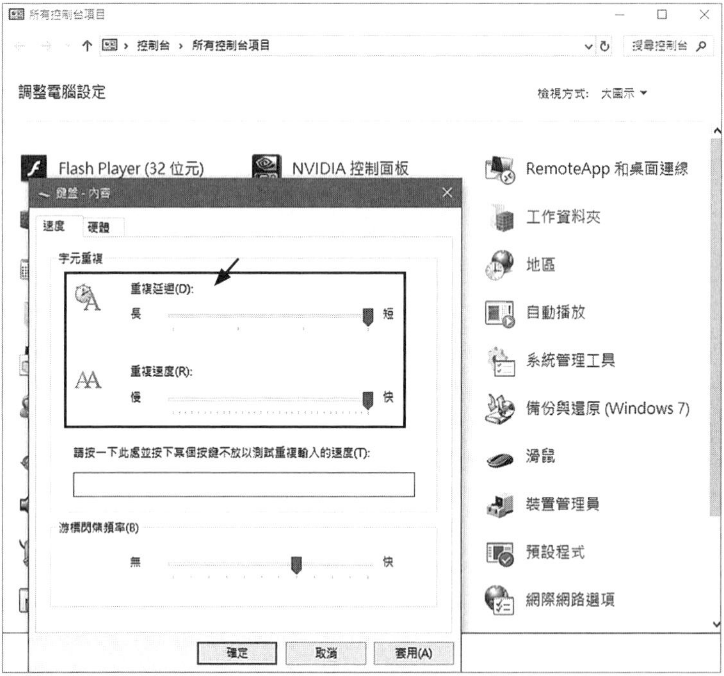

我們每天都會打很多字，只要把上圖箭頭指的項目，移到右側，就能加快打字速度。

記住常用的快捷鍵

在電腦的操作上，快捷鍵的運用可說是格外重要。工作時完全沒用到快捷鍵，就像開車時不走空蕩蕩的國道，硬要鑽進市區的狹窄巷弄一樣，無法迅速達到目的地。

例如複製（按鍵盤Ctrl＋C）、貼上（Ctrl＋V）或剪下（Ctrl＋X）貼上，是許多人都會使用的快捷鍵組合。若特地點擊滑鼠右鍵，在眾多選項中尋找「複製」指令，會讓你的動作比別人慢了好幾拍。

使用右鍵開啟選單

我偶爾會聽到有人抱怨：「因為公司的筆電沒有附滑鼠，所以我沒辦法點右鍵開啟選單」。我想，這其中似乎有什麼誤會。

雖然依製造廠有所不同，在大多數的鍵盤上，都有「選單鍵」，位於空白鍵的右側，模樣看起來像個櫃子（見下頁圖）。

這就是「選單鍵」

只要按下這個鍵，就會跟按下滑鼠右鍵一樣開啟選單。如果鍵盤上沒有這個鍵，同時按下 Shift＋F10 也會有同樣效果。只要記住這個用法，就算沒有滑鼠，也能隨時打開選單。

方便搜尋文字的快捷鍵

我在前面也提到過不少次，找東西很浪費時間，也是動線規畫的大敵，而且不僅是在實際尋找的這個動作上，在操作電腦時也是如此。

在檔案中尋找特定文字，或是要從文章裡找出某個詞彙時，如果有人選擇盯著內容一句一句的找，那麼，他的工作模式肯定有很大的問題。

要搜尋某個字詞時，要懂得善用尋找（Ctrl＋F）。想將現有的內容，取代成某個字詞時也是一樣。例如想將「山田」改為「田中」，但因為文章裡多次提到山田，根本不可能一個個找出來改。

這種時候就可以利用取代（Ctrl＋H），在欄位中輸入文章內的特定字詞，就能瞬間取代成另一個字。

澈底刪除檔案

不再使用的檔案，你會用什麼方法刪除它呢？很多人可能認為，把檔案丟到資源回收筒就沒事了，但其實資源回收筒是無法澈底刪除檔案的。假如把所有不要的檔案都一股腦往資源回收筒裡丟，久而久之，也會影響電腦效能。

舉例來說，就像有一個人住在垃圾屋裡。他把垃圾丟到垃圾袋裡了，但垃圾袋卻仍放在家裡。在充滿垃圾的空間裡追求效率，根本是個不可能的事，更嚴重影響到動線的安排。因此，要確實的丟棄垃圾。

當你確定再也用不到某個檔案，要從電腦中澈底刪除它時，只要在鎖定檔案之後，同時按下 Shift＋Delete 即可。

在不關機的狀態下鎖定畫面

在這個重視個人隱私的年代，就算只是稍微離開座位一下，也應該隨手鎖定電腦畫面。

在咖啡廳等場合，若是開著重要的檔案就離席，而讓第三者看到相關內容，除了資安上的疑慮之外，也容易被視為「做事隨便的人」或是「沒規矩的公司」，形象因此大打折扣。

一般來說，要鎖定電腦畫面，只要透過一個動作就能夠完成，就是同時按鍵盤上的 Windows＋L。雖然這個動作只會花費幾秒，但一天重複幾次同樣的動作，就會產生很大的差別了，在工作上經常需要鎖定畫面的人，請務必熟記這個方法。

立即切換桌面

在第四章的內容中，我曾經提到，維持辦公桌的整潔，是動線規畫上的一大重點。

我想，使用電腦時也是同樣道理，請務必維持電腦桌面的整潔。例如將存取的檔案依序分類，收納到不同的資料夾，桌面上只放正在處理的檔案等。如此一來，也比較容易進行動線上的安排。

在已經開啟檔案或資料夾的狀態下，如果需要切換到其他工作，或是想稍微整理思緒時，只要按下 Windows＋D 就能立即切換到桌面，輕鬆掌握正在處理的工作項目。

從閱讀電子郵件到回覆

閱讀和寫電子郵件是上班族最常見的工作，許多人每天可能會在郵件上浪費不少時間。

如果你可以簡化電子郵件相關的業務，工作動線也能因此縮短。

那麼，什麼時候最適合用來閱讀電子郵件呢？

答案是，利用搭乘交通工具或開會時的空檔。

很多人可能會在早上到達公司後才看電子郵件，可是，正如我在第二章提到的，人太多浪費時間，在不經思考的閱讀郵件與毫無效率的回覆。既然如此，不如規定自己只能在搭乘交通工具的時間，回覆電子郵件。

除了活用交通時間外，你還能利用開會的空檔。

當會議主題和自己較無關係時，你可以抓緊時間，一邊留意會議內容一邊看郵件。當會議討論到重要議題時，則要停下閱讀或回覆郵件，千萬不要在主持人眼皮下做私事。

如果沒有通勤和開會的空檔可用，最好事先安排好回覆電子郵件的時間。例如，可以決定早上十一點至十一點半之間回覆電子郵件。

接著是，閱讀電子郵件到回覆。

首先，你應該透過電子郵件的標題和第一行內容，來判斷是否該繼續閱讀下去，如果每封信都從頭讀到尾，只會白白消耗時間。

另一方面，收到內容有些複雜的信，往往需要花時間思考時，我建議你可以先保留，晚點再回覆。

透過一開始的判斷，來區分電子郵件的急迫性，如可以立刻回覆的電子郵件，就馬上回覆；先擱置需要思考的信；可以不回覆的信，已讀不回即可。此外，可以立刻回覆的電子郵件，最遲也必須在二十四小時內回覆。

「需要思考的郵件內容」雖然要花費時間，但在這個步驟我們更需要做的是，區分電子郵件的回覆類型。

即使在維修和組裝汽車時，我們會分開考慮每項工作流程，而不是一口氣從頭做到尾。需要花費時間思考的電子郵件也是同樣的道理，我們必須區分思考和回覆的時間。

許多人習慣一邊思考一邊慢慢打字回信，但這樣很糟蹋時間。有效率的做法是，將思考的時間獨立出來，利用搭車通勤和步行回家時構思怎麼回信，當腦中的構想大致成形後，再打開電腦一口氣打出已經構思好的回信內容。

回覆信件的關鍵，是盡可能打得簡單且明瞭，讓對方能在三秒內理解信件主旨。

簡單的說，在公司內部的聯絡信件中加入問候語，例如：「今天工作辛苦了」，也很浪費時間，公司內部的訊息不需要客套，直接進入正題即可。

我有個客戶在使用電子郵件聯絡同事時，會在收件人姓氏前後加入部屬單位和職稱（例如營業部田中部長）。根據我對於該公司員工的觀察，這種習慣似乎是例行公事。

我對此感到相當不解，於是詢問：「為什麼在同一家公司工作，聯絡時，卻要加上部屬和職稱呢？」結果對方回答：「在同公司的工作，若搞錯對方的職稱，會很失禮。」

許多大公司在每年四月之後，進行人事調動，如果每次填寫收件人時，都必須到公司內部網路的員工列表，確認部屬職稱，只會讓你多花時間處理事情，嚴重的話，也會擔擱工作進度。

我們應該把時間，花在更能提高生產力的工作項目上。

好的檔案命名法，省去搜尋時間

要搜尋電腦中的某個檔案，常比想像中要來得花時間，我想許多人都有過類似的經驗。

不過，有時候問題是出在檔名上，如果當下想到什麼就取什麼，之後就得花更多時間來找資料。所以，首先要自己決定檔案命名的規則。這部分因人而異，沒有一定的正確答案，這邊我舉個例子，你可以這樣命名：「數字」種類」名稱」日期」版本」。

一開始輸入數字，是因為檔案會自動依照數字排列，所以可以透過開頭的數字來控制排序。

接下來要輸入檔案的種類及名稱。

日期依檔案管理的需求不同，也可以放在檔名的開頭，最後則是對應檔案修正次數的版本數。以本書的原稿為例，排序如下頁圖。

這樣即使有複數的檔案，也能立即掌握大致的檔案內容。

1_原稿_第1章_20181001_1
2_校對_第1章_20181003_1
2_校對_第1章_20181004_1
2_校對_第1章_20181004_2
3_原稿_第2章_20181005_1

另一方面，我常看到有人會在建立資料夾之後，再到裡面新增一個資料夾，也就是所謂「盒中盒」的構造。雖說這也是為了方便管理，但資料夾數量過多，也會大幅增加尋找檔案的時間，因此我較不推薦。

使用能減少檔案夾數量的「檔案命名規則」來管理，比較理想。

活用 Google，以最快速度獲得情報

談到搜尋資訊，本書就不得不介紹 Google 搜尋。

在現代，想知道任何情報，都可以透過 Google 搜尋答案。不過，同樣是利用 Google 搜尋，依使用方式，獲得情報的速度也會有所差異。

第一章所提到動作經濟原則三，就是把每個動作的距離縮到最短。將距離縮短，也意味著以更快的速度取得情報。

為什麼每個人搜尋資訊的速度都不一樣？據我的觀察，主要原因是每個人搜尋技巧都有所不同。

即使 Google 再怎麼方便，在搜尋列隨便打字，不可能會找到想要的資料。由於大部分的公司不會特別教這類技巧，所以每個人的搜尋功力自然有所落差。

我在這裡介紹個特別推薦的搜尋訣竅：

- 意思搜尋：想了解字詞的含意時，可以輸入「名稱 意思」（兩個字詞之間空半格）。
- AND搜尋：想查詢包含A、B相關內容時，直接在搜尋欄輸入A B

（中間空半格）。

- OR搜尋：想查詢包含A或B的相關內容時，搜尋A OR B。
- 不包含搜尋：想查詢不包含B，但與A有關的內容時，輸入A-B。
- 完全相符搜尋：想查詢與A這個關鍵字完全相符的內容時，搜尋"A"。
- 萬用字元搜尋：只記得一部分關鍵字時，輸入A*。

只要像這樣，根據不同情報類別，來區分搜尋資訊，才能迅速取得需要的情報。

此外，Google 不只能在搜尋情報時派上用場，在許多時候也能成為你簡化動線的好幫手。

舉例來說，計算一百四十八乘以兩百五十九這類有點難度的數字時，偏偏找不到計算機（雖然找不到計算機，也代表動線出問題）。這種時候，忙著東翻西找，會浪費掉不少時間了。其實，只要在 Google 搜尋列上輸入148*259，搜尋頁面上就會出現計算結果（見左圖）。

Google搜尋也能當計算機

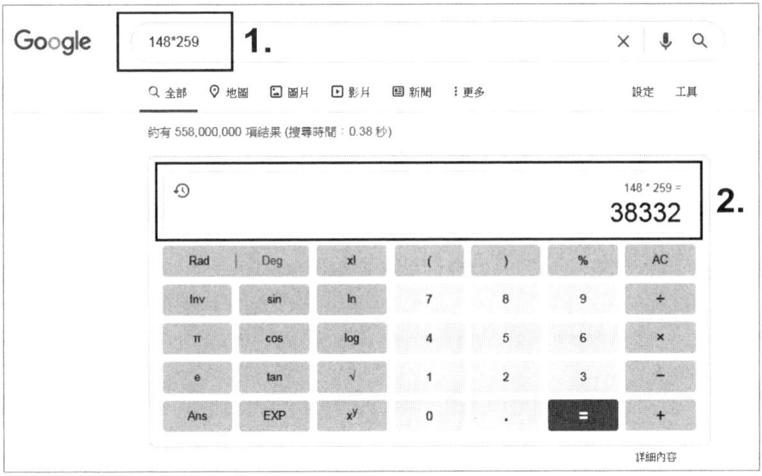

在 Google 搜尋欄打上算式（見上圖方框 1），然後搜尋，搜尋頁面會直接出現答案（見上圖方框 2）。

符號方面，乘法的＊也可以用×來代替，除法的話則是「／」，只要懂得使用這些符號，從 Google 搜尋就可以得到計算結果。

查詢匯率時也很方便。若想知道五百四十九美元相當於多少臺幣時，先查詢現在的匯率，再計算答案，從動線上來說，相當缺乏效率。只要在 Google 搜尋列中輸入「549 美元」，就會依照現在的匯率換算成臺幣總額。

像這類「單位換算」的工作，Google 幾乎都能全部包辦。例如六十五加侖是幾公升；五十四坪等於幾平方公尺；八十哩是幾公里等，這些單位上的換算，只要使用 Google 搜尋，馬上就能得到答案。

設計簡報資料的動線

在第二章的結尾，我提到吸引聽眾的目光，但除了在大量聽眾面前，進行簡報之外，設計簡報也是很重要的。

那麼，製作簡報時，應該注意哪些重點呢？

不需要在投影片上標示頁碼

進行簡報時，不一定要將準備好的投影片全部展示出來，很多時候，我們需要配合現場的氣氛和聽眾的需求，略過部分投影片。

這時候，如果投影片有標示頁碼，則可能帶來負面效果。因為當你跳過一部分投影片時，聽眾可能透過頁碼，得知簡報略過部分投影片。有些聽者會想「為什麼跳過中間部分？」、「跳過的部分到底寫了什麼？」

所以，在進行簡報前，最好拿掉投影片上的頁碼。

簡報並不只是一種業務工作，而是在闡述一個故事。如果在投影片上加入了頁碼，也會讓人覺得這是業務性資料，因此，就這方面的角度來看，不標示頁碼比較好。

簡報資料的配色，最多三種

在展示簡報資料時，配色對視覺動線而言，是很重要的。有些人會使用鮮豔的顏色來吸引人們的目光，但事實上，這會造成反效果。

我曾看過用十多種顏色的簡報資料，當講者在臺上說著：「請注意綠色的區域」時，聽眾卻都困惑的想著「綠色區域在哪裡？」

在一場簡報的投影片中，最多只使用三種顏色。

基本上，文字選用黑色，需要強調某段文字時則使用紅色。一般來說，大多數人對紅色的印象，是重要訊息，因此在特別需要強調的地方，用紅色來標記即可，避免過度濫用。

另外，在繪製圖形和框選文字時，可以挑選紅色以外的顏色。如果你想用比紅字更搶眼的方法，則可以搭配紅底白字。

避免使用與視覺動線相反的箭頭符號

在思考投影片的閱讀動線時，讀者的視覺動線，也是要注意的關鍵之一。

人們在閱讀資料時，通常習慣由左至右、由上到下，因此，在投影片中加入箭頭符號或其他素材時，也必須配合讀者的視覺動線。

如果你無視視覺動線，在製作資料時使用由右向左的箭頭，或隨便安插素材，那麼，讀者可能覺得這份簡報難以閱讀或不易理解。

很多手機遊戲沒有說明書，卻依然有許多人能輕易上手使用，那是因為使用者介面設計非常精良，讓用戶即使不經思考也能順利操作。

排版資料和設計 App 的使用者介面一樣，我們必須製作一份視覺動線順暢的簡報資料。

將重點集中在上半部

在一開始報告簡報時，就確實傳達結論或重點，之後再細節解說，這種方法能讓聽者更容易理解。

高管和主管階層往往需要快速做出決策，也就是說，大部分管理階層都想先知道結論。因此，在簡報開頭盡可能省略無謂的引言，開頭直接切入主題。

另外，在人數較多的空間展示簡報投影片，有時聽眾會看不到清投影片的下半部，為了讓所有人都能清楚看到簡報內容，製作投影片時可以將重要的內容放在畫面上半部，如此一來，你的簡報投影片將能更趨完美。

簡報的換頁特效，只需要使用淡入淡出

簡報換頁時，很多人都會用翻頁特效，例如，文字旋轉出現，或圖片從上方掉下來等。許多人在編輯簡報時，會加入各種讓人眼花撩亂的特效動畫，但其實就簡報動線而言，這些特效都是無謂的配置。

簡報特效並非用越多越好，即便要用，淡入淡出的效果也足夠了。比起突兀的翻頁特效，淡入淡出的效果切換頁面，更讓人覺得成熟穩健。

你能使用淡入特效讓文字柔和的出現，或讓已顯示的圖片透過淡出效果消失，露出圖片背後的文字，這種淡出手法也是很棒的效果。

其他的特效動畫只會讓視覺動線更混亂，因此不需要刻意使用。

豐田最強動作經濟學語錄

- 隨時探討問題的本質。
- 好的檔案命名法，省去搜尋時間。
- 設計簡報資料，不需要在投影片上標示頁碼；資料配色，最多三種；將重點集中在上半部。

第六章

豐田人的第一堂動線課：四路五動

最後一章要討論的是思考動線，而非動作動線。

首先，先將目光聚焦在日常的工作流程，我們手頭上有著各式各樣的工作，每一件工作有不同的流程。你是否想過，在這之中，有多少工作可以自動化呢？

不斷找出需要改進的地方，並改善

說到自動化，我過去在豐田的第一線工作時，時時刻刻都謹記著人字旁概念（按：在日文漢字中，工作〔働き〕比動作〔動き〕多出了人字旁）。

在日文中，人字旁代表動作與工作的差異，以前我只要在維修廠內表現出漫不經心的工作態度，前輩便會提醒我：「你現在是不是只動手、沒動腦？」

避免不加思索就動手做，而是要動腦筋思考，為眼前的工作添加巧思，這種提高效率的做法，才是工作的精隨。這麼做的目的是進一步提升工作效率，最終讓工作可以自動運轉。

因此，在豐田的第一線，自動化被稱為「自働化」。

我的前輩總說：「要多動腦筋，為眼前的工作增添巧思。」

實際上，我也認為，即使眼前擺著大量非做不可的工作，也必須隨時思考「是否有更好的方法？」

例如，提供超乎客戶預期的結果，或是，如何達到超出老闆期望的成果。

這就是為什麼我們要在工作上多下工夫，並持續不斷的想，比目前更有效率的方法是什麼。我們在工作時，應該以此種想法為目標。

舉個例子，有一些工作屬於是例行公事。

例如整理文件，或彙整數據等非創造性工作，因此，我們應該盡可能嘗試將這些事情自動化。

除非你是專門負責這些雜務的兼職，否則沒有必要將時間浪費在不必要的事務上。無論誰來執行例行工作，結果都一樣，因此**想要在例行工作上展現能力，是非常困難的。你應該做的是將例行工作自動化，不斷節省時間**，並將注意力放在能夠與他人拉開成果差距的工作上。

怎麼做，才能讓動作變習慣

首先，我們要做的是詳細分析自己的工作，其中最重要的是，每天下班後要回顧當天的行動，並思考「今天的工作中，有哪些次部分能提升效率」等改進之處。養成每天自我反省的習慣，會對你的工作有所幫助。

即使因此找到了更有效率的做法，也不能讓改進就此止步不前，而是要持續改進，並要懂得思考和建構自動化機制。

所謂的自動化機制，就是找到訣竅，將例行工作變成一套流程。

關鍵是要怎麼設計流程。即使每一個動作都是分散的，只要設計一個將動作順暢串連起來並反覆執行，便能自然的建立起一套行為模式，甚至成為你的習慣動作。

思考「**我要怎麼做，才能讓現在的動作成為一種習慣？**」然後不斷的嘗試，構思流程並付諸實行，直到完成一套完整架構。直到這時候，才能算真正的已經有所改善。

改善工作流程的步驟總結如下：

1. 詳細列出目前所有工作。
2. 根據工作，盡可能具體分解並逐條列出步驟。
3. 在前兩點列出的項目中，圈出可通過電腦進行自動化的項目。你不需要在意是否能靠自己的力量做這些工作，而是要判斷這些工作能否依賴其它力量完成。
4. 利用自動化所節省下來的時間，尋找其他流程中可能改進的部分，並加以改善。
5. 持續改進並付諸實行。
6. 確立工作流程，並逐漸習慣已改進的部分。

實際執行上述步驟時，你可能會注意到，有不少工作在最初階段就可以自動化。

當部分工作能自動化，就能節省時間。我們該做的並非不經思考的勞動，而是動腦筋並不斷進行改進。

動線思考的前提：你的目的是什麼？

思想動線中，最重要的關鍵就是決策，如果遲遲無法做出決定，也只是平白浪費時間。在瞬息萬變的現代社會中，我們需要迅速做出決定。

那麼，我們該如何快速做出判斷的正確動線呢？接下來，讓我來列舉一些例子來說明。

思考「目的是什麼」

我在豐田的第一線工作時，若遇到瓶頸，而無法下決定時，前輩便會問我：「你這樣做的目的是什麼？」、「你現在的工作以什麼為目的？」

當工作過於繁忙，人們往往會變得只關注眼前的一些小細節，因而忽略最初的目的。

在豐田職場中，將工作交給他人時，通常會談到為什麼要做這件工作。例如，前輩交付文書工作給後輩，會說：「要製作這份資料的原因是……」、「我們可以活用這份資料，並藉此創造出什麼樣未來。」

如此一來，不但能提升下屬執行這份工作的動力，減少對方猶豫時間，還能獲得高品質的工作成果。

因此，務必隨時注意自己執行工作的目的，避免忽視或忘了工作的本質，如：「這份文件是做什麼用的？」、「這場會議的目的為何？」等。

在豐田，上司在交代下屬工作時，通常會完整的說明，但在IT企業中，很多上司在交辦工作時，並不會多加解釋，只會對下屬說：「去做這件事！」換句話說，並不是所有的上司都像豐田上司一樣，會詳細解說工作目的。

如果是這樣狀況，你必須在工作時，透過不斷自問自答工作的目的，幫助自己快速做出決策與建立高效的動線。

釐清自己的工作觀

擁有抱負和價值觀是很重要的，這跟「目的是什麼」的概念相似。在工作上，可稱抱負和價值觀為「工作觀」。想做出適當的判斷，關鍵是調整好自身的工作觀念。

為了梳理工作觀，首先要思考自己的工作目的，工作中想要實現的目標，以及想要擁有什麼樣的人生。

如果沒釐清抱負與價值觀，那麼你將無法做出具有遠見的決斷，也無法擁有堅定的立場。反之，有確實思考並整理工作觀的人，將能在工作上取得卓越成果，擁有高效率的決斷動線。

然而，人們無法一次梳理好工作觀，我認為需要經歷反覆思考，進行無數次修正，才能確立完整的工作觀。

保持良好的身體狀況

為了加速腦內思路，我們得特別留意身體狀況。

畢竟，身體狀況良好，才能提升專注力。即使花費和過去同樣的時間，專注力提升後，也提升工作效率和品質。

反之，若身體狀況不好，甚至生病，會削弱我們的集中力，並降低工作速度，我想，不論是誰都有過的這種狀況，嚴重的話，感冒甚至讓你無法工作。

某天突然生重病；蛀牙惡化導致牙痛；前一天飲酒過量，結果隔天宿醉頭痛；飲食失衡，造成口腔潰瘍等，人們會因這些狀況，因此流失寶貴的工作時間。所以，我們必須隨時警惕自己，保持健康也是工作之一。

本書並未提及如何維持身體健康的具體內容，我希望讀者能根據自己的身體狀況，閱讀相關書籍獲取正確的知識。

不過，一般而言，對身體健康最重要的事，就是有充足睡眠。

我一天都會睡足七個小時，所以多年來，我從未體驗過「因睡眠不足而無法集中精神」的狀態，雖然周遭的人常損我：「虧你能睡這麼久。」但我認為因忙碌而睡眠不足，反而是惡性循環。充實的睡眠能幫助你專注眼前的工作，提高工作效率並取得成果。

現在仔細回想，你是否因睡眠不充足，影響工作進度，而變得更忙碌？除了睡眠之外，另一個關鍵是食物。

現代社會食物豐富，分量充足，有許多選擇，因此，你的身體狀況也會隨著飲食狀況，而有所改變。我們應該注意平日攝取的食物分量和品質，例如選擇比垃圾食品更健康的食物，或者是減少午餐分量。

確實注意睡眠和飲食，才能以最佳的身體狀況，高效率的執行工作。

最佳成果，來自先試試看

雖然在業務上沒有所謂的正確答案，但每個人都希望能在當前狀況，取得最好的成績。

我們必須做什麼，才能取得最佳成果呢，我認為首先是嘗試。總之先試試看，如果行不通，就試下一種方法，藉由迅速切換做法，我們才能逐漸接近理想的成果。

日本國民義務教育的缺陷，是讓人在考題中追求正確答案，因此，即使步入職場，許多人工作中，仍試圖尋找解答。

可是，如果在找到解答前都不行動，那麼你永遠無法達成目標。因為在瞬息萬變的商業世界中，猶豫的瞬間，機會就被別人搶走了。

在這個世界上，成功人士和不斷獲得成就的偉人，都是在沒找到正確答案前，就放手做，並抱持著「總之先試試看」的想法，反覆嘗試。

例如，新興的社群網路服務也是同樣的道理，我在IT公司工作時經常會關注新事物，當推特（Twitter）在二〇〇八年正式於日本上線服務時，也引起我的注意。

那時，幾乎所有成功人士都開始使用推特，而我也抱著「總之先試試看」的心態來試用，結果，我發現推特是一塊很有趣的市場，並感覺到「推特在商業市場中，可能也具有發展價值」，於是，我向當時工作的公司老闆提出了「創建公司推特帳號」的想法。

我在確實了解推特的優點和缺點後，才向公司提案，也因此獲得老闆的批准，並開始使用公司的官方推特。而現在，我的工作正是接受許多公司關於社群網路服務的諮詢。

在豐田，巧遲不如拙速

在豐田的第一線，有一種說法是「巧遲不如拙速」。巧遲，表示行事謹慎，但速度緩慢；拙速，則意味著方法雖笨拙，但快速執行。也就是說，這句話的意思是，與其細細思量，不如先放手去做。

這種行事作風深植於我的腦中，我一直都認為即使只了解事物的六〇%或七〇%，只要有某種程度的理解，就可以展開行動。

這種想法也能用在一般的文書工作上，當上司交付文書工作時，不要只是默默的埋頭苦幹，直到做完整份資料為止，而是忽略或多或少的錯字、漏字，先大致完成雛型。

以速度為優先，將完成的半成品請上司過目，並取得指示，確認下一步該怎麼做。透過重複上述動作，你便能迅速達成最理想的成果。

這個想法可以運用在任何一個行業。

即使還無法釐清整體狀況，也必須在做好七〇％的準備時，就展開行動。追根究柢，如果不付諸實行，我們也無法掌握事物的總體面貌。

所以，比起停滯不前，不如一邊摸索一邊修正，如此一來，更能快速推動進度。例如，當公司推出新服務時，不需要花費太多時間在初步研究和準備工作，而是要以小規模和低預算試營運，取得各式各樣的反響和意見，並從中採納可行的意見來修正、調整，逐漸改善服務內容。

在現代，服務和產品都過於氾濫，單純的創意已漸漸失去價值。幾乎所有的服務與創新想法都已被推出，很少有顛覆世界的劃世代創意。

雖然創意已失去價值，但我認為取而代之變得重要的是「嘗試踏出第一步」的精神。

世間上有著數不勝數的創意，但更重要的是嘗試。雖然很多人會想「這是理所當然的」，但實際上，大多數人卻無法做到「巧遲不如拙速」，而這也相對增加了嘗試的價值性。

如果想要取得最佳的成果，與其思量避免失敗的方法，不如展開行動，踏出第一步，為工作開創出更多可能性。

正確搜尋資訊

正如我在上一段所說，世上有數不勝數的創意，同樣的，在現代，資訊也可說是要多少有多少。

因此，我們必須建構出一套方法，才能有效率的搜尋資訊。因此，應把搜尋重點放在「以何種方式掌握什麼樣的情報」，而不是盲目的搜括所有資訊。

接下來，我會按順序解釋，如何有效率的搜尋資訊。

確定搜尋資訊的目的

首先是「確定搜尋資訊的目的」，在搜尋情報時，建立目標非常重要。如果不確定收集資訊的目的是什麼，那麼你會被龐大的情報浪潮吞沒，到頭來白忙一場，平白讓時間流逝。

為了避免迷失方向，首先要從弄清楚，我們是為了什麼搜尋資訊，並且要收集什麼樣的情報。

掌握整體狀況

一旦確立了目標，接著就要掌握整體狀況。但，如果是第一次接觸的領域，要迅速掌握整體狀況，或許有難度。

以書為例，就像看目錄一樣，在閱讀專門書籍時，許多人會先翻到目錄，確認自己想知道的內容在哪一頁。同樣的概念，也能運用在工作上，首先觀察整體狀況，並從中找出自己是否有不足之處，或是需要加強的部分。

一旦確定搜尋資訊的目的，我們就能大致了解，應該以什麼樣的順序取得什麼樣的資訊。

確認資訊的來源和出處

雖然我們能在網路上，輕易獲得大量的情報，但與此同時，人們也漸漸重視辨別網路資訊能力的重要性。現代社會充斥著大量的訊息，被謠言和毫無根據的謊言誤導的人，也在逐漸增加。

我們在搜尋資訊時，不需要將時間浪費在那些可信度低的情報上。甚至可以說，如果工作受到這些錯誤的資訊影響，只會帶來許多麻煩。

為了防止這種情況發生，最好的做法，就是確實檢查資訊的來源和出處，確認眼前的情報究竟從哪裡來，別輕易相信網路上的資訊。

此外，在搜尋資料時，盡可能取得來源明確的第一手資料，特別需要注意的是，社群網路上的情報龍蛇混雜，除了需要留意投稿內容的真偽之外，連資訊來源都可能是虛構的。

思考自己對於資訊所採取的動作

在取得正確資訊後，我們不能只單純的閱覽這些情報，還要採取相對行動，這點非常重要。

我們必須將這個想法——「藉由這個資訊，我該採取什麼樣的行動？」——化為習慣。舉例來說，嘗試從不同角度進行分析，或者是動手嘗試等，這些都是可行的做法。

獲得情報後，在腦中消化並深入思考，我們便能將這些資訊轉化為自己的知識。

同樣的，每一份資料所支持的立場都有所不同，若你有好好的思考，便不會因資訊自身的偏見，而動搖自己的立場。如果我們能以「自己會如何思考」為中心主軸，那麼我們就可以從中立的角度來思辨，不被這些資訊自身的立場所影響。

妥善保存取得的資料

在搜尋資料後，重要的是盡可能的儲存這些情報。只要在保存情報時，花點心思整理，就能在日後需要時，很快的找到資料。

除了單純儲存資料，在儲存時加入備註，也是很好的做法。如此一來，當你未來在閱讀這些資訊時，便能立刻掌握內容，迅速進入狀況。

此外，你必須注意資料是否過時。在現代社會，資訊日新月異，許多情報很快被淘汰。過時的資訊不但無法做為參考有效運用在業務上，在工作上更可能影響你和他人之間的信賴關係。因此，我們必須建立一套能夠定期搜尋資訊的機制，確實獲取最新的情報。

你也可以關注某些值得信賴的媒體，跟隨特定的推特帳戶，或是在推特內將特定關鍵字列為觀察對象，提醒自己時刻注意最新的資訊。

如何整理常用的 App

在現代，智慧型手機可說是搜尋資料時，不可或缺的工具之一，但在使用智手機搜尋情報時，也要注意操作的動線。

首先要注意的是 App 位置，如同我前文提及凌亂的辦公桌一樣，你的智慧型手機畫面上的 App，是否亂無章法呢？

出人意料之外，有許多人花了不少時間，才能在找到想使用的 App。

我認為在手機的主畫面中，常用的 App 必須放在單手容易點選的位置。如果你的拇指無法在可輕易操作的範圍內，點到常用 App，那麼，即使你想要單手操作手機，最後也得改用雙手來操作。

為了方便點選 App，我們必須定期整理主畫面的圖示。如果 App 數量太多，則需要用資料夾，根據 App 的類型，如社群軟體、遊戲、相機等，來分類管理（見下頁圖）。

分類 App，除了方便尋找和管理外，還能減少主畫面的圖示數量，讓手機畫面不再雜亂不堪。另外，你可以刪除不常用的 App，或是將不常用的 App 放在畫面角落的一個資料夾集中管理。

養成整理 App 的習慣，在突然需要搜尋資料時，你便能快速取得資料。

那麼，我們可以透過哪些 App 來搜尋資訊呢？

我現在很少看報紙和新聞，都是透過下列的 App 定期接收新資訊：

乾淨俐落
RoftBike
12:00
Camera
Memo
Media
Art
Dust
SNS

- Yahoo!
- Gunosy（按：為日本新聞應用程式，透過演算法分析使用者的偏好，並針對喜好來推播簡短新聞。）
- SmartNews（按：為日本與美國發行的一套手機新聞閱讀應用程式。）
- NewsPicks（按：專攻彙整財經資訊的新聞應用程式。）

我習慣在通勤時大致閱覽新聞標題，並挑出有興趣的新聞來閱讀。

此外，在搜尋某些特定的資訊時，利用推特和ＩＧ（Instagram）等社群軟體搜索，也是很重要的方式之一，例如，想知道現在流行什麼樣的話題，可以在推特的趨勢排行中確認。

在現代，像是地震災害和電車延誤等及時資訊，比起等待官方發布消息，在推特中搜索，反而可以更快獲得情報。

雖然推特上的資訊更新快速，但有時卻缺乏準確度，因此，閱覽這些社群網站的資訊時需要更加謹慎，並通過多方確認以確保消息的正確性。

整頓思考動線

無論將辦公室或工廠的動線規畫得多完美，或是以極高效率獲得情報，如果你腦中的思路亂無章法，也無法提升效率。如何整理思路，是非常重要的關鍵之一。

人們看到動線一詞時，經常誤以為動線是指人要不斷的行動。但，事實並非如此。即使人們停下手上的工作，只要有動腦思考，也算有在動。

豐田在新人培訓時，講師會說明中國著名的兵法——《孫子兵法》中「四路五動」的概念。

四路，分別是進路、退路、右路、左路；五動，則指前進、後退、左邊、右邊，以及不動。

書中提到，不動時，提到在某些時候或場合，或許會是最好的選擇。

過去，我還是豐田新人時，常常只關注動作，每當我思緒混亂、無法跨出下一步時，總是感到焦躁不安。當我被教導「停下來思考，也是一種動作」

時，就如同茅塞頓開般，心情突然輕鬆了許多。

所謂的停下思考，就是整理腦中的思緒，這種時候也很適合建構各種思考架構。

在豐田的第一線最為人知的基礎思考架構，有下列兩種：

利用「5W1H」進行全面思考

所謂的「5W1H」分別是指——時間（When）、地點（Where）、人員（Who）、對象（What）、目的（Why）、方法（How）。

實際上，5W1H是豐田汽車維修廠中的例行公事，在維修廠的第一線，維修廠每天都會碰到顧客提出各種故障狀況，而傾聽這些問題，也是維修技師的工作。

前輩曾經教導我，當遇到這種狀況時，必須以5W1H為原則詢問顧客。

例如，顧客反應：「引擎有時會發出怪聲音」，依照5W1H的原則，我們可以詢問：「什麼時候發出聲音？」、「引擎的哪裡發出聲音？」、「誰聽到聲音？」、「發出怎樣的聲音？」等問題。

雖然這是個非常基本的思考框架，但卻能活用於多種狀況，不僅可用於汽車維修，還可運用於書寫文章、提出業務企劃、制訂戰略計畫等工作。

掌握5W1H可說是鞏固思考動線的第一步。

以「PREP」做總結

PREP也是一種基本的思考框架，舉例來說，當你在撰寫企劃書或提案時，如果只是想到什麼寫什麼的話，整份文案可能會變得亂無章法，讓讀者搞不清楚這份企劃書究竟要表達什麼。

可是，重新編寫又很浪費時間。因此，在一開始最好就依照「PREP」順序，有系統的統整並撰寫文案內容：

Point：重點，以結論開場，說明文章的基本訴求。

Reason：原因，解釋Point中形成結論的理由。

Example：舉例，提出具體的事例，佐證 Reason 中所敘述的理由。

Point：重點，作為文章的結尾，最後再重述基本訴求並總結。

如果你在書寫企劃書的各個項目時，注意PREP架構，並詳細說明細節，那麼，你應該能完成一份思路清晰的企劃書和提案。

雖然還有其他各式各樣的思考框架，但我認為上述兩種思考架構是最不可或缺的。

此外，如果想要整理思考動線，最重要的還有釋出動線，也就是輸出腦中的想法。

即使你還沒完全搞清楚腦中的一些想法，也可以嘗試和其他人討論，如此一來，你可能會在討論過程中，發現自己的想法過於偏頗，或是透過他人的角度，找出想法的缺點等。

當你的想法或感覺逐漸成形後，你可以嘗試在紙上寫下這些想法，幫助你進一步釐清。想要一瞬間釐清思路，其實非常困難，任何構思在一開始時，都很粗糙又簡略，因此透過思考框架的幫助，或和他人討論想法，都能夠幫助你逐步架構起完整的構想。

如何控制無謂的情緒

即使你嘗試整理想法，有時會出現意料之外的麻煩。那就是前文提到的，在面臨問題時，出現負面情緒，如憤怒、嫉妒或悲傷等。

想要保持冷靜且高效的思考，如何控制自己的情緒，顯得很重要。

操控情緒的祕訣，是將紛亂的情感，當作「可解決的邏輯問題」來處理。

一旦陷入混亂，起伏不定的情緒會變得更加複雜，而感情用事，對於任何事情都不會有幫助。接下來，我會介紹三種技巧，把情緒當作邏輯問題解決。

將事情分為可控制與不可控制

無論多麼煩惱或後悔，有些事情你就是無能為力。在無能為力的事上付出心力，甚至影響情緒，都算無謂之舉。

我過去在豐田的維修廠工作時，當客戶的車結束鈑金維修（按：鈑金為一種加工方法，若車身外觀損壞變形，就需要經過這個工序）後，為了把車送到客戶的家，我開著客戶的車離開維修廠，沒想到，我在路上不小心撞到電線杆。當下的我腦袋瞬間一片空白，慌張不已。

當時在車上一同前往的前輩對我說：「先想現在什麼事情能控制。」我冷靜下來思考，撞到車子是現在無法改變跟控制的事，而撞凹的車子，也無法立即恢復原狀。因此在這種情況下，唯一能控制的，就是自己應對客戶的方式，與作為公司職員，該如何處理善後這件事。

我在當場立即向客戶坦承過失並道歉，儘管客戶感到有些錯愕，但也原諒了我。客戶在一週後需要用到車，因此我緊急向公司確認維修行程，確保車子能趕在一週之內修好，並交還給客戶。

即使發生重大問題，比起垂頭喪氣，更重要的是找出解決辦法。

當人們一旦陷入「我該怎麼辦」或「我想要逃走」的慌亂中，我們便無法從這些負面情緒解脫。既然如此，不如嘗試改善問題，立刻採取具體措施。

避免將時間和精力耗費在不可控的事物上，這種務實的做法能讓心情變得輕鬆許多。

區分事實和意見

我過去從事汽車維修工作時，會遇到各種問題根狀況，客戶也會因擔憂而提出各種不同的疑問。

例如，顧客有時會問：「每次踩煞車時，都會聽到奇怪的聲音，是因為煞車片磨損嗎？」維修技師在這時需要注意的，是僅需將顧客的發言當作參考。

我們應該要冷靜確認事實是什麼，而不是全盤相信客戶的說詞。若相信客戶的說法，以煞車片磨損的前提下維修汽車，很有可能會導致誤判車子實際狀況。

平時的情緒控管也是相同的道理，當人們感到憤怒或煩躁時，這些負面情緒的原因，是基於客觀事實所造成的嗎？還是來自於自己的偏見呢？我們必須要將其區分清楚。

將問題和情感分開思考

區分問題和情感，可說是區分事實和意見的延伸。

有一次，有一位後輩因為工作延遲，而趕不上交車時間，那時我非常的生氣，對後輩怒罵：「你趕不上交車時間，根本沒有當維修技師的資格！」

當時，看到這情形的前輩告誡我不要感情用事，他說：「後輩沒有遵守交車時間，和你無法原諒後輩犯了這個錯誤，是兩個不同的問題。」

前輩一句話將我一棒打醒，問題和情感需要分開來思考。

也就是說，我必須冷靜面對「為什麼後輩無法在交車期限前完成工作」這個問題。人有時難免會產生某些情緒，但我們不能因為這些情緒，而忽略最重要的問題。

不要混淆「事實與意見」以及「問題和情感」，如果能區分並思考，你便不被無謂的情緒干擾。

發生問題時，找出根本原因

儘管我們知道必須將問題和情感分開思考，但，當問題實際發生時，你又該以什麼行動來應對呢。

答案是，追根究柢追尋引發問題的原因。

假設，某間公司有一位年輕的員工，每天上班都遲到。為什麼他總是遲到呢？我列舉幾個可能造成他上班遲到的原因：

- 這位員工非常不習慣早起，無論設定了多少鬧鐘，也會不自覺按掉。
- 行程安排不當，在吃早餐和換衣服花了太多時間，導致太慢出門。
- 居住在公車或電車等公共交通設施經常誤點的地區。

如同上列所述，有時可能是某個原因而出現問題，又或者是由多種不同的原因導致了這種狀況。

因此，廣泛思考因素，並抽絲剝繭，以尋找出真正的原因，是很重要的。此時，要多加注意的是，一般來說，問題是由各個原因串連造成的。

例如，無法在固定的時間起床，可能是因為每天晚上都晚睡，而造成晚睡的原因，則是每天下班後都跑去喝酒。他之所以下班後喝酒，可能是想藉酒消愁。那麼在這種情況下，若想改掉這個人遲到的毛病，就必須問出他內心深處的煩惱，並加以解決。

如上所述，問題通常是由各個原因串連造成，那麼，要澈底解決問題，則必須找出根本原因並對症下藥。

因此，即使怒罵對每天上班遲到的年輕員工：「就不能早點來上班嗎？」也無濟於事；就算恫嚇：「再遲到就減薪」，也可能只有短暫的效果，長期來說，可能反而會讓情況惡化。

斥責業績不好的業務員「努力點！」並沒有意義；即使命令留在公司加班

的人早點回家，也無法從根本上解決問題。如果無法確實改善引起問題的根本原因，問題將以其他形式顯現出來。

假設你想當一個體貼的好前輩，買了一個「超大音量的優質鬧鐘」送給經常遲到的年輕後輩，成功讓他準時起床了。從短期來看，或許解決了他遲到的問題，然而，這麼做卻無法從根本上解決他的煩惱。

一段時間後，他可能會因為晚睡早起而生病，造成工作效率下降，最糟的情況甚至可能導致無法工作。

正確的思考，應是抽絲剝繭問題，並深入挖掘，發掘問題最根本原因，並找出真正解決問題的方法。

利用五個為什麼，深入探討問題

如果想要抽絲剝繭並深入挖掘問題，豐田企業自古流傳的「五個為什麼」，便是關鍵。

五個為什麼，在製造業中也被稱為「為什麼—為什麼分析」，顧名思義，其概念就是通過反覆提問，以找出問題的根本原因。

我們不只要解決眼前的問題，更要利用「五個為什麼」找出原因。這個方法最初主要是以豐田和其他製造業為中心，廣為流傳使用，但在現代ＩＴ企業等白領階層中，這個方法也變得越來越普遍。

亞馬遜的創始人傑佛瑞．貝佐斯（Jeffrey Bezos）就是受到「豐田風格」所影響的管理者之一，他更曾在美國雜誌採訪中，提到「經營時，自己經常使用五個為什麼的概念」。

除了日本企業外，現今世界上有許多人都在使用五個為什麼，我認為這個現象可歸咎於問題的複雜性。

近年來，諸如ＩＴ系統、各種工具、人類的情感等因素，錯綜複雜的交織在一起，使分析問題變得更為困難，即使你在發生問題的當下，採取暫時性因應措施，那也只是一時性的，問題最終會出現，並且需要花費更多的時間去解決。而我認為目前備受矚目的五個為什麼是打破這種僵局的有效方法。

我們每天都面臨著各種困難，且要想辦法解決。

我們日常中的各種工作，幾乎都是為了解決各種問題。當我們面對問題時，腦中必須首先想到「為什麼」，並養成習慣思考，以找出原因。藉此盡可能的消除不必要的問題，透過消除和避免思考無謂的事，能夠讓你的思路變得更為流暢且清晰。

豐田最強動作經濟學語錄

- 隨時思考「是否有更好的方法？」
- 「你現在是不是只動手、沒動腦？」
- 思考做這件事目的是什麼。

後記

簡化動線的必要投資

閱讀完本書，各位是否更能理解動線有多麼重要呢？

或許有些讀者會覺得，這本書越讀越無聊。

但是，充分理解動線代表的意義，也是為了在對的時間，做該做的事，包括澈底提升工作效率，迅速達成出色的成績；相對的，休假時也要盡量放鬆。到了假日，就拋下動線，去好好旅行犒賞自己，到外地輕鬆的閒晃，或是什麼也別想，在家附近散散步也行。

正因為平常對動線有所規畫，休假時更該適度放空，如此才能減輕身心的壓力。

當然，也可以活用工作時學到的動線思考，充分享受旅行所帶來的樂趣。

像到了遊樂園之後，要怎麼行動，才能有效率的玩到每項遊樂設施，或是在旅行時要如何安排景點，才能在最短時間內玩得過癮等，這也是規畫動線所能帶來的樂趣。

不論是誰，都需要不時的留意時間。

中小企業的員工也好，美國總統也罷，時間對每個人都是平等的。不管是採取什麼行動，或哪一種思考模式，都必須正視與時間息息相關的動線。除此之外，開創屬於自己的動線時，還有一項重點，是必須保持「不吝投資」的想法。

說到這裡，購買本書也是一項投資。只不過在閱讀完畢後，希望各位能展開更大規模的投資——也就是確實實行書中提及重點。例如，為了簡化每天的工作動線，留意行動上是否有能改變的空間等。

就算在改變的過程中，需要一些費用，也請各位積極的投資自己。

舉實際的例子來說，豐田的第一線員工，每天都得換洗作業用手套。

在我剛進公司的初期，利用洗衣機洗好手套後，新人必須把每組手套晾乾。這個工作看似簡單，實際上卻非常花時間。

有些人認為：「既然身為新人，就認份的把工作做好吧。」但我的想法是，要是能夠簡化該工作，就可以把時間用來處理其他事了。或許有其他人跟我有同樣的想法，並向上層提出建議，沒多久，公司就引進了乾衣機，洗好的手套幾乎立刻就能用了，也大幅節省了所有員工的時間。

對坐在辦公室的上班族來說，手套就像電腦等工作用具一樣。如果全公司用的都是低規格的電腦，員工處理工作的速度當然會越來越慢，甚至電腦動不動就當機，必須重新啟動，實在非常浪費時間。就算現代科技如此進步，使用低規格電腦的公司仍不在少數。

企業理應積極投資能提升員工效率的硬體設備，並且給予員工適度的決策權，如此一來，才能有效簡化工作的動線。

有個類似的知名故事，名為「樵夫的困境」：

一位樵夫努力鋸著木頭，但那把鋸子的鋸齒早就鉅鈍了，要鋸完一塊木頭得花好多時間。路人看不下去，忠告他：「你先把鋸子的鋸齒磨利比較好。」但樵夫聽了，不以為然的回道：「我光鋸木頭就忙死了，哪有那個閒工夫！」

現今許多日本企業，就像那位樵夫一樣，已經深陷困境之中。明明只要稍微停下手邊的工作，先提升設備規格（磨利鋸齒）就好，卻不願意這樣做，還把「忙死了、忙死了！」掛在嘴邊，每天被工作進度追著跑。

讀完這本書之後，請你先停下手邊的工作，就算只有其中一項也好，先重新檢視自己現在的動線規畫。

就算一週只專注在一條動線上，也盡可能的檢視、強化動線上的安排。在一年之後，你會發現，可利用的時間大幅增加，工作及日常的動線，也明顯流暢許多。

國家圖書館出版品預行編目(CIP)資料

豐田人高效率動線思考：雙手怎麼動、腳步往哪移、筆記如何抄、座位這樣排，豐田最強動作經濟學，貝佐斯都在學。／原正彥著；林佑純譯. -- 初版. -- 臺北市：大是文化，2020.09
240 面；14.8×21 公分. --（Biz；330）
譯自：トヨタで学んだ動線思考：最短・最速で結果を出す
ISBN 978-986-5548-05-6（平裝）

1. 職場成功法　2. 時間管理

494.35　　109009983

Biz 330

豐田人高效率動線思考

雙手怎麼動、腳步往哪移、筆記如何抄、座位這樣排，
豐田最強動作經濟學，貝佐斯都在學。

作　　者／原正彥
譯　　者／林佑純
責任編輯／陳竑悳
校對編輯／黃凱琪
美術編輯／張皓婷
副總編輯／顏惠君
總 編 輯／吳依瑋
發 行 人／徐仲秋
會　　計／許鳳雪、陳嬅娟
版權專員／劉宗德
版權經理／郝麗珍
行銷企劃／徐千晴、周以婷
業務助理／王德渝
業務專員／馬絮盈、留婉茹
業務經理／林裕安
總 經 理／陳絜吾

出 版 者／大是文化有限公司
臺北市 100 衡陽路 7 號 8 樓
編輯部電話:(02)23757911
購書相關資訊請洽:(02)23757911 分機 122
24 小時讀者服務傳真:(02)23756999
讀者服務E-mail:haom@ms28.hinet.net
郵政劃撥帳號 19983366　戶名／大是文化有限公司

法律顧問／永然聯合法律事務所
香港發行／豐達出版發行有限公司 Rich Publishing & Distribut Ltd
地址：香港柴灣永泰道 70 號柴灣工業城第 2 期 1805 室
Unit 1805, Ph. 2, Chai Wan Ind City, 70 Wing Tai Rd, Chai Wan, Hong Kong
電話：21726513　傳真：21724355
E-mail：cary@subseasy.com.hk

封面設計／孫永芳
內頁排版／顏麟驊
印　　刷／鴻霖印刷傳媒股份有限公司

出版日期／2020 年 9 月初版
定　　價／新臺幣 340 元（缺頁或裝訂錯誤的書，請寄回更換）
ISBN　978-986-5548-05-6